Micro:bit
親子共學開發版與
圖形化程式編寫

Switch教育編輯部　著

楊季方　譯

O'REILLY®
オライリー・ジャパン

前言

　　我們的孩子們未來的工作，相信多半都是目前還尚未存在的工作吧。對於這些孩子們，我們能夠為他們準備些什麼呢？

　　在 2012 年，BBC 就發現到英國正面臨到這樣的問題。之後，BBC 歷經數年的研究與產品開發，最後終於以 BBC micro:bit 這樣的形式開花結果，於 2016 年共贈送了 100 萬台給全英國的所有 7 年級生 ※。研究顯示，這樣的舉動對於教育現場帶來相當正面的影響，所以世界各地都想要仿效這樣的成功案例。

　　BBC micro:bit 是一個可以進行程式設計的小型裝置。兼具超小型電腦與可編程嵌入式主機板雙方面的特性。其特色為程式編寫簡單，且泛用性非常高，是專為年幼的學習者所設計的。其設計方式，特別是對於完全沒有程式設計經驗的人而言，也能輕鬆上手。

　　在英國，BBC micro:bit 可以如此成功，其理由並非僅有創新的硬體設計這點而已。對於教育者與孩子們，以及想要享受自造樂趣的人們來說，micro:bit 能夠成為傑出工具的理由在於它的生態系統。構成這個生態系統的成員包括硬體、週邊機器及擴充卡，以及各位傑出的指導者。再者，還有超過上千種讓人驚豔的專案及課程，以及讓人感到有趣的點子，可藉由網路及愛好者所聚集而成的活躍社群來發表。而輔助這個生態系統並協助其發展的，即為 Micro:bit 教育財團。

　　然而，對於我們的生態系統來說最為重要的組成，就是 micro:bit 的使用者。因此，要對將這本書捧在手心的您說聲謝謝。Micro:bit 教育財團全體，在此祝福您航向 micro:bit 的旅程順利。

　　衷心祝福。

Micro:bit 教育財團 CEO
Zach Shelby

※ 英國的 7 年級約為 11 歲的學童。

目 次

專欄

程式設計軟體精通秘技

想知道更多！

科學小單元

關於本書

●本書的讀者對象

對程式設計開始產生興趣的小學高年級～中學階段的孩子們、對程式設計教育及 STEM 教育充滿關注的家長而言，這是一本可供親子一同來學習程式設計的書。

本書透過名為 micro:bit 這個專為教學而設計的微電腦板，搭配宛如在組合積木的直覺式程式設計軟體，即便是對於程式設計沒有任何經驗的人，只需要依照本書的步驟來進行，便可簡單地完成各種範例。

本書提供的實作範例，並非只能在個人電腦中運作如遊戲般的範例，而是可以實際運作的玩具、樂器、裝置等等。透過程式設計，便可學習如何裝置實際的運作機制。此外，各位自己下功夫製作各種裝置時，也可由本書中獲得所需的提示。

在第 5 章，我們會更進一步介紹使用 micro:bit 的 STEM 教育實踐案例，相信除了家庭之外，對於教育現場的工作者來說，也可作為參考。

●本書的使用方式

我們將如何能有效利用本書所需的提示彙整如下：

- 已經擁有 micro:bit 的讀者，不妨將其與個人電腦放在手邊來參閱本書，對內容的理解更有助益。即使並未擁有 micro:bit，也可透過程式設計軟體來進行程式設計，並在模擬器上進行模擬。

- 本書依照讀者容易理解的順序來構築內容。對於個人電腦及程式設計還不熟悉的讀者，請從第 1 章的「認識 micro:bit」開始閱讀。

- 對於個人電腦及程式設計稍有涉略的讀者，即便略過已經知曉的部分也不會有任何問題的。為了讓讀者不論從哪個章節開始閱讀都不會有問題，在程式設計及範例部分都準備了詳盡的解說。

● 關於專欄

✏️ **程 式 設 計 軟 體 精 通 秘 技**　　解說使用程式設計軟體時更便利的方法。

💡 **想 知 道 更 多 !**　　介紹補充資訊及應用實例。

🧪 **科 學 小 單 元**　　解說背景科學知識。

⚠️ **注意**　　整理需要注意的要點。

POINT　　彙整可以加深理解的要點。

使 用 積 木　　彙整程式設計軟體時使用到的積木。

● 預先告知

　　本書是根據 2017 年 10 月左右的資訊撰寫而成。於此之後，程式設計軟體的畫面，或是使用的模組內容都有可能會更新。故本書的內容可能與最新版軟體的內容略有差異，還請見諒。

1

認識 micro:bit

在這一章，我們將針對 micro:bit 的基本操作進行解說，沒有任何困難的作業。首先，將它連接到個人電腦，試著讓 LED 發光吧！

(1-1) micro:bit 是什麼？

「BBC micro:bit」（本書以「micro:bit」稱之），是由程式設計教育、STEM 教育（請參照第 140 頁）相當興盛的國家——英國所開發的微電腦板。所謂的微電腦板，即為小型的電腦，使用者可藉由編寫程式來運作其他機器，或是取得周圍各式各樣的資料。我們也可以將微電腦板彼此連接，讓資料互相傳送資料來進行互動。

在為數眾多的微電腦板中，micro:bit 具有如下所述的特徵。

1　對於「學習」而言是最恰當的微電腦板

英國從小學就開始以名為「電腦運算」的學科教導學生學習資訊工程，micro:bit 也已免費贈送了 100 萬份給相當於中學 1 年級的學生們。而 micro:bit 之所以會成為學習「電腦運算」最恰當的微電腦板，背後可是下了許多的功夫。

2 程式設計軟體相當容易上手

專為 micro:bit 所準備的程式設計軟體，只需要像組合積木一樣便可完成程式的編寫，這個軟體就算是小學生也可以輕易上手使用。另外，還可以簡單轉換成 JavaScript 這種以文字敘述為基礎的程式語言，就程式語言階段的學習來說，也是相當有助益的。

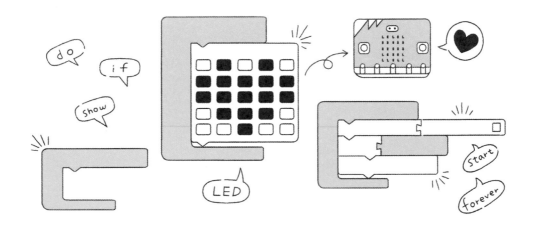

3 可以透過模擬器確認動作

這個程式設計軟體還具備了模擬器功能。在將程式傳送（寫入）到 micro:bit 之前，可在個人電腦的畫面上確認動作。這個功能可以讓我們不需要反覆將程式寫入 micro:bit，即可由個人電腦的畫面來確認自己製作的程式結果。這個功能對於需要不斷重複製作→嘗試的程式設計來說，實在是相當方便。

4　使用上不會受到網路環境的影響

　　這個程式設計軟體是在瀏覽器上運作的，所以我們不需要事前將其安裝在個人電腦上。只要在已連線到網際網路的個人電腦，任何人都可以使用。另外，為了讓我們能持續進行程式設計，即使處於不穩定的網路環境甚至突然離線也無妨，這個程式是下了特別的功夫的，無論在家庭、學校、補習班等任何網路環境下都可以安心使用。

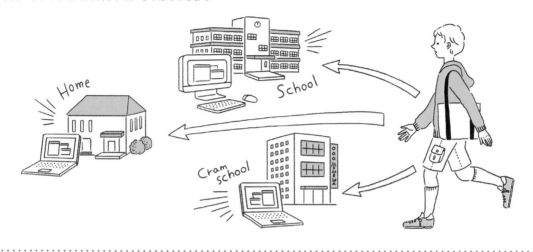

5　內建 LED 及開關、感測器等裝置

　　micro:bit 的本體具備 25 顆 LED，所以光是本體就可以讓我們以 LED 燈來做出各種顯示。另外，還可以使用按鍵開關來控制傳送訊號的時機。此外還觸碰感測器、加速感測器、地磁感測器、溫度感測器、光感測器等，可供我們由外部獲取各式各樣的資料。

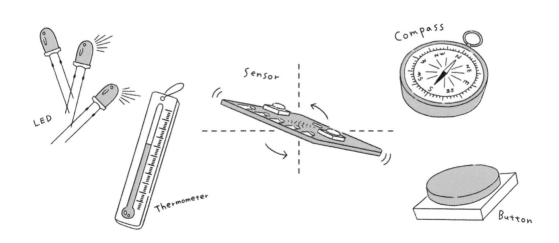

6 可透過無線通訊功能簡單地與其他機器連線

　　由於本體具備無線通訊功能 BLE（Bluetooth Low Energy 的略稱），不單只是 micro:bit 彼此之間可以互連，還可以與具備 BLE 功能的個人電腦、智慧型手機、平板電腦等其他的裝置進行連線[※]。這是個可供我們簡單體驗 IoT（Internet of Things（物聯網）的略稱，意指將物品都連線到網際網路）的優秀功能。

※ 會有無法與部分的裝置連線等情形發生。

7 視創意點子可製作出各種裝置

　　micro:bit 具備輸出入腳位，加以運用之後除了電腦之外，還可以用其他的方式來進行操作。此外，我們還可以使用模組（參照 110 頁）添加許多的功能，以製作出各式各樣的作品。在 micro:bit 的網站上有許多公開的作品範例，讀者們可以藉此體會到它們的多樣性。

了解 micro:bit 的特徵之後，我們快來仔細看一下吧！

(1-2) micro:bit 各部位的說明

我們將針對 micro:bit 的各個部位的功能來進行說明（有機器人圖示 的那面為正面）。

◉ **LED ＆光感測器**

排列於正中央的小零件就是 LED。會發出紅色的燈光。縱 5 列、橫 5 列，共有 25 個。還可作為偵測周圍光的量的光感測器來使用。

◉ **按鍵開關 A**

可作為按壓式按鍵開關來使用（按鍵開關 B 也是相同的）。

正面

◉ **按鍵開關 B**

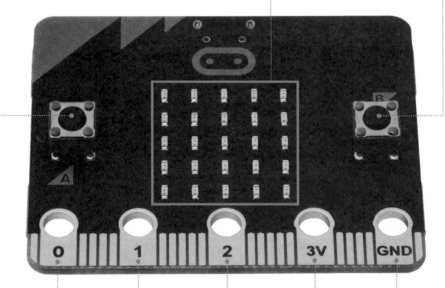

◉ **腳位**

可作為觸碰感測器來使用。此外，也可使用在想要外接 micro:bit 所沒有的感測器。

※ 關於腳位，本書是按照積木的標示方式，將「0」標示為「P0」，將「1」標示為「P1」，將「2」標示為「P2」。

◉ **電源腳位**

這些是電源的輸出入腳位。當 micro:bit 是藉由 USB 電纜或電池來運作時，可由這些腳位來將電力提供至別的機器。除了上述情形之外，也可由這些腳位來將電力供應到 micro:bit。

◉ **接地腳位**

使用感測器及連接電源等情形下，這是在所有的情形下電力的返回路徑。

尺寸為 42×52×10mm
（包含接頭部分），重量
為 9 公克。是可以收在手
心裡面的大小。

◉ **USB 用接頭**
連接 Micro USB 電纜，即可
連接到電腦。由電腦將程式寫
入時會使用到，也可做為電源
供應埠。

◉ **無線天線**
BLE 通訊所需要的天線。

◉ **處理器 & 溫度感測器**
此為 micro:bit 心臟部位。程
式就是寫入到這裡，並予以執
行。也具備有溫度感測器的功
能。

◉ **確認用 LED**
資料在寫入時會點亮
／閃爍。

◉ **重置按鍵**
按下這個按鈕之後，目前在系統
上執行的程式將會被重置。

◉ **電池盒用接頭**
可用來連接乾電池的電池盒。

反面

◉ **地磁感測器**
用以量測地球磁場
（磁界）方向的感
測器。

◉ **加速感測器**
可偵測出傾斜等之感
測器。

注意

micro:bit 很怕遇到水分。請各
位在使用時，切記不要用沾有
水分的手去觸碰。另外，如果在
電源為 ON 狀態的 micro:bit 上
放置金屬，有可能會造成短路
而壞掉，請切記不要將金屬置
放在上面。

關於 micro:bit 所具備的感測器

　所謂感測器，即為用以量測聲音、光線、溫度等外在資訊，並轉換成電腦可以讀取之訊號的裝置。

● 加速感測器

　用以量測物體的加速度（速度的變化），藉此偵測物體的傾斜、振動或衝擊程度的感測器。數值是以 G、毫 G 等表示。G 即為 Gravity，也就是重力的單位。在地球上還有向著地球中心的重力加速度，也會對此進行量測。可偵測施加於 X（左右）軸、Y（前後）軸、Z（上下）軸，共三軸方向之加速度。

● 地磁感測器

　電流所經之處若受到磁力作用，電壓會產生變化。藉由電流與磁力這種密切的關聯性，地磁感測器即依此量測地磁對於電壓所帶來的變化。

● 溫度感測器

　溫度感測器位於處理器的 IC 晶片中，量測到的基本上是 IC 晶片的溫度，因此溫度感測器於模擬器上顯示的數值並非氣溫或室溫。然而，它可以確實偵測出相對溫度是否上升或是下降。

● 光感測器

　這 25 個 LED，可以直接做為光感測器來使用。由於 LED 是藉由施加電壓到內部的半導體來讓它發光的，類似太陽電池的構造，所以當這些 LED 照射到光線時會產生電流，故可以做為光感測器來使用。

(1-3) micro:bit 的使用前準備

認識 micro:bit 之後，終於可以開始設計程式了。將 micro:bit 連接到個人電腦，並啟動程式設計軟體吧！

---

1 將 micro:bit 連接到個人電腦 　　※ 如果各位還沒有 micro:bit 的話，可以跳過這步驟，直接從「2 啟動程式設計軟體」開始也沒關係。

1 啟動個人電腦，以 USB 電纜連接 micro:bit。

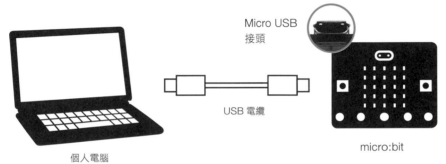

Micro USB 接頭

USB 電纜

micro:bit

個人電腦

※ 在購買之後，第一次開啟 micro:bit 的電源時，LED 會做出各種顯示。只要有顯示，就代表正在正常運作，沒有問題。

2 打開個人電腦的資料夾，發現多出一個名為「MICROBIT」的新磁碟機就是連接成功了（畫面會依讀者所使用的個人電腦、作業系統而異）。

◉ 使用 Windows 時　　　　　　　　　　　　　　◉ 使用 Mac 時

不論使用的是 Windows 還是 Mac，都不需要在個人電腦安裝軟體

請開啟網際網路瀏覽器，連線到下述網址，以開啟程式設計軟體。

https://makecode.microbit.org

點擊這裡，即可製作新的作品，或是匯入已經製作好的作品（於 micro:bit 也會將程式稱為「專案」）。

可用於將所製作的程式分享給其他人查看。

將所製作的程式以 JavaScript 的程式碼來顯示。

專為初學者準備的教程（解説），可由此開始。

將製作的程式以積木形式顯示。

可在此刪除專案，或進行各式各樣的設定。

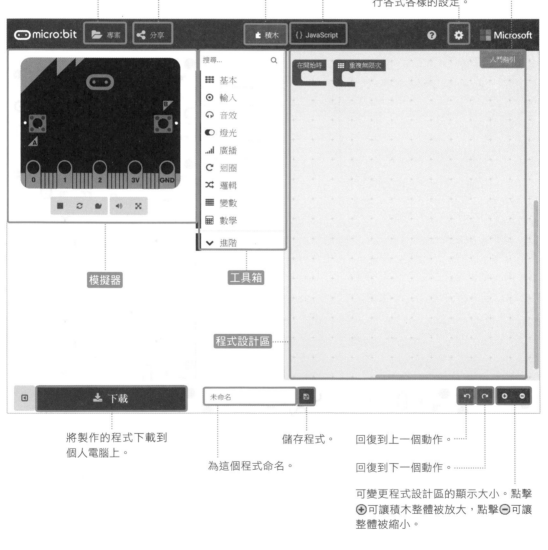

模擬器

工具箱

程式設計區

將製作的程式下載到個人電腦上。

為這個程式命名。

儲存程式。

回復到上一個動作。

回復到下一個動作。

可變更程式設計區的顯示大小。點擊 ⊕ 可讓積木整體被放大，點擊 ⊖ 可讓整體被縮小。

● 模擬器

我們可以在這裡確認 micro:bit 是否有依照製作的程式來運作。

■ **停止模擬器**：讓模擬器停止。

↻ **重啟模擬器**：重新啟動模擬器。每次重新啟動之後，邊角的顏色都會改變。

■ **慢速模式**：可讓模擬器的動作緩慢地進行。

◀ **靜音 / 取消靜音**：可開啟模擬器的音效或是關掉。

✕ **全螢幕模式**：將模擬器以全螢幕來顯示。

◀ **隱藏模擬器**：將模擬器隱藏起來（位於「下載」按鈕的左邊）。

● 工具箱

這個區域放著各種用來設計程式的積木，選擇自己需要的積木，並放置於程式設計區使用。

● 程式設計區

此為編寫程式使用的區域。由工具箱將積木以拖曳方式進行排列。

POINT

如果程式設計軟體不是以中文顯示，可點擊右上方的齒輪圖示開啟設定選單，選擇「語言」→
「中文（台灣）」。

(1-4) 在 micro:bit 上設計程式

micro:bit 是個可讓你的創意成形的微電腦板。藉由程式下達命令,再由 micro:bit 產生動作。以下我們透過讓 LED 閃爍心形的範例,初步說明程式的製作方式。

[我們可以辦到的事]
讓 LED 顯示出閃爍的愛心符號

 ➡

👉 要如何才能辦到呢?

讓我們思考一下,為了要能讓愛心符號閃爍,micro:bit 需要辦到的事情可以分成三大項。

① 我們要讓哪些 LED 發光呢?
② 要讓它們發光多久呢?
③ 要怎麼樣讓它們閃爍呢?

馬上就來試試看以程式下達命令給 micro:bit 吧。

程式的最終形態

最終的程式如以下所示。

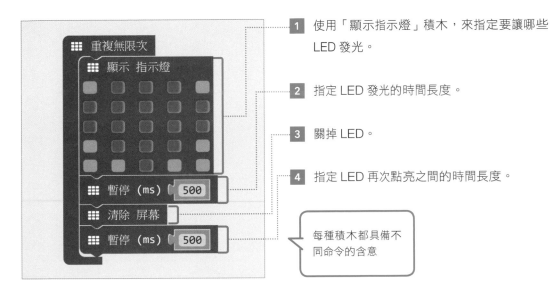

1 使用「顯示指示燈」積木,來指定要讓哪些 LED 發光。

2 指定 LED 發光的時間長度。

3 關掉 LED。

4 指定 LED 再次點亮之間的時間長度。

每種積木都具備不同命令的含意

程式設計

從工具箱裡選擇所需要的程式積木進行組合吧!

1 點擊位於程式設計軟體上方的「專案」。

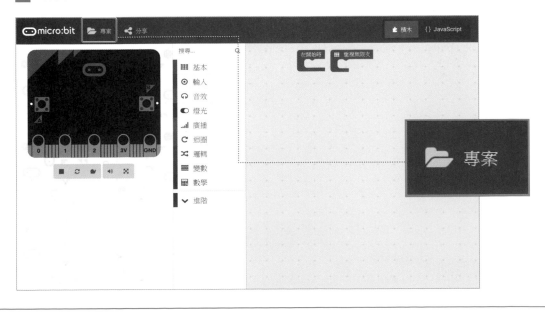

2 顯示畫面如下。若在步驟 **1** 時顯示了之前所建立的專案，為了要將它清除，請點擊「新專案」。此外，請點擊右上方的「×」來關閉這個畫面。

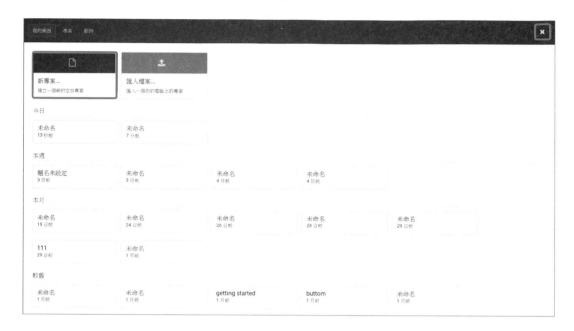

3 回到了步驟 **1** 的畫面。請在畫面下方下載按鈕右側「未命名」的欄位中，輸入程式名稱（如：愛心符號的閃爍）。

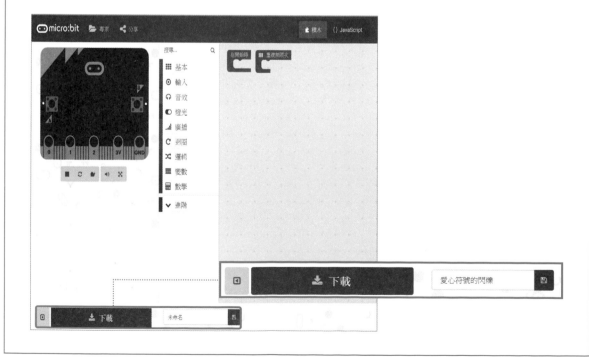

4 點擊工具箱中的「基本」類別來將它打開。

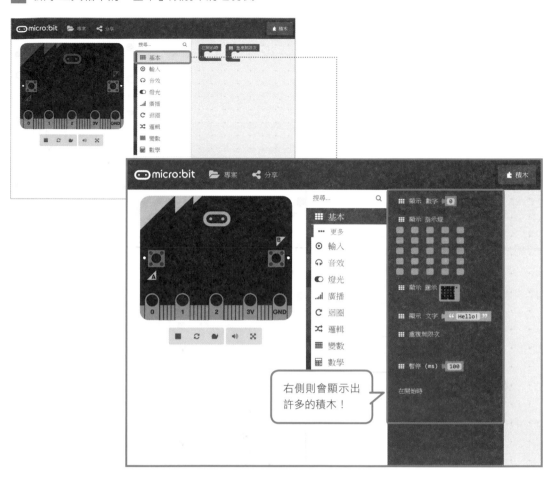

右側則會顯示出許多的積木！

5 將「基本」中的「顯示指示燈」積木拖曳到程式設計區。

使用積木 基本→顯示指示燈

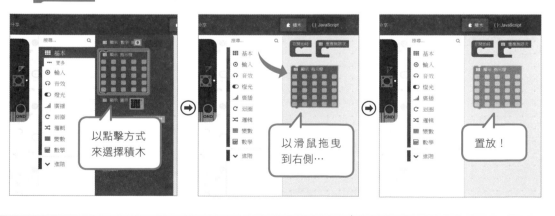

以點擊方式來選擇積木

以滑鼠拖曳到右側…

置放！

程式設計軟體精通秘技

想要儲存專案事後再開啟時

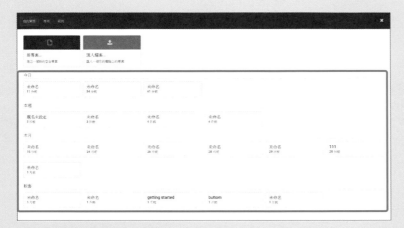

22頁步驟 2 的畫面下方，會顯示出之前儲存的專案。只要點擊想要再次開啟的專案名稱，即可匯入程式設計區。

另外，點擊「匯入檔案」會顯示出如左圖所示視窗，可用來匯入個人電腦中的「.hex檔」（專案檔案）。我們也可以將「.hex檔」拖曳至程式設計區來匯入程式。

如何刪除專案

請點擊右上方的齒輪圖示（設定圖示），選擇「刪除專案」。

6 請將「顯示指示燈」積木，連接到「重複無限次」積木的凸出的地方。若發出「喀嚓」音效，就代表積木彼此已經連接起來了。

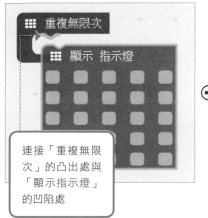

連接「重複無限次」的凸出處與「顯示指示燈」的凹陷處

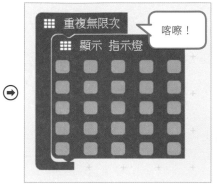

喀嚓！

如果沒辦法聽到音效，請確認個人電腦上的設定

7 點擊各個 LED 的圖示，即可切換燈光的 ON ／ OFF。為了要讓 LED 以心形發光，讓我們如下圖點亮 LED 吧。

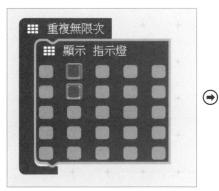

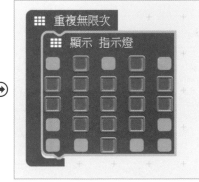

全部共點擊 16 個點位

※ 顏色較深的位置代表要指定發光的 LED。

8 請連接「暫停（ms）」積木，並將數值由 100 變更為 500。由於 1 秒等於 1000 毫秒，所以 500 毫秒相當於 0.5 秒。

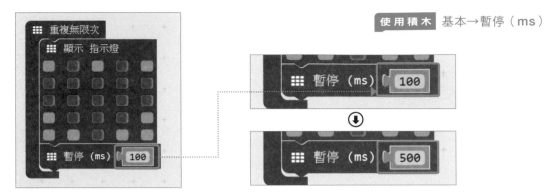

使用積木 基本→暫停（ms）

POINT

這裡的「暫停」跟影音機器的「暫停」是相同的，目前正在執行的程式會維持執行狀態，直到轉換到下一個命令時，這個動作就會被停止。就步驟 8 來說明，「以 LED 顯示愛心符號」這個命令，會被維持在執行狀態 0.5 秒。

9 在發光 500 毫秒後要將它關掉時，請再連接「清除屏幕」積木。

使用積木 基本→更多→清除屏幕

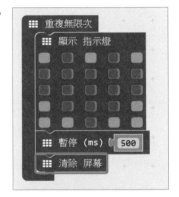

10 與「暫停（ms）」積木連接，並將數值改為 500 之後，便大功告成。

使用積木 基本→暫停（ms）

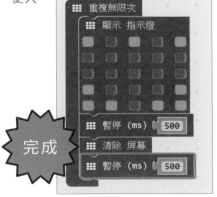

完成

✏️➤ 程 式 設 計 軟 體 精 通 秘 技

想要清除不要的積木時⋯以拖曳刪除

➡️

不要的積木可拖曳到工具箱，等到垃圾桶圖示出現之後就可以將它放開，如此一來積木便會消失。還可以點擊滑鼠右鍵叫出選單，點選「刪除積木」。或是以滑鼠左鍵點選積木，在此狀態下（積木的邊緣出現黃框）按下鍵盤的 Delete 鍵可將其刪除。

程式設計如果出錯的話⋯積木會無法連接起來

並非所有的積木都能互相連接。就程式而言，無法執行的命令，那個積木就會維持暗色無法連接。

找不到積木時⋯有可能是隱藏在「更多」之中

➡️

如果在現有的積木群組中找不到自己所需的積木時，請點選「更多」，其他的積木就會顯現出來。各位可以從那裡找找看。

☞ 以模擬器確認

在模擬器可以觀察到步驟 **7** 的操作結束之後，LED 會顯示紅色的愛心符號。而步驟 **10** 的操作結束之後，應該要開始以 0.5 秒的間隔發出一閃一滅的閃爍就對了。

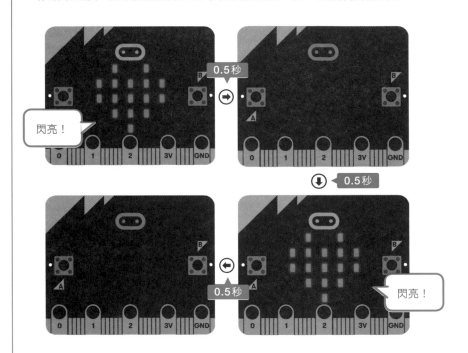

✏️ **程 式 設 計 軟 體 精 通 秘 技**

LED 也可以用座標來指定

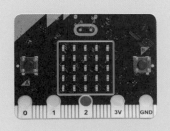

只要使用程式設計軟體的「顯示指示燈」積木，就可以輕鬆指定要點亮哪些 LED。不過如果想要點亮個別的 LED 時，使用指定座標的方式比較方便。指定座標時，陣列則如左圖所示。

使用積木 燈光→點亮 x 0 y 0

☞ 下載程式，然後寫入 micro:bit

1 請點擊「下載」，會開
啟如右圖所示視窗，再
擊「完成！」。

 注意

這需要以 USB 電纜將個
人電腦與 micro:bit 保持
連接的狀態下進行（參照
17 頁）。

2 將下載到個人電腦名為「愛心符號的閃爍 .hex」檔案寫入到 micro:bit。

◉ 使用 Windows 時

選擇所下載的檔案，點擊滑鼠右鍵開啟選單，選擇「傳送到」→「MICROBIT」複製檔案。

※ 此為進行複製的範例，畫面或所
下載檔案的名稱，可能會依個人而
有所不同。

◉ 使用 Mac 時

請將下載的檔案拖曳到「MICROBIT」進行複製。

注意

	ディスクの不正な取り出し "MICROBIT"の取り出し操作をしてか ら接続解除／電源切。	閉じる	使用 Mac 時，程式在寫入後或按下重置按鍵 時，有可能會出現如左圖這樣的警告視窗。 由於這不會造成任何問題，點擊「關閉」即 可。

3 在複製時，micro:bit 背面的 LED 會閃爍橘色燈光。當閃爍狀態變成點亮之後，請按下重置按
鍵（已經點亮的 LED 會在一瞬間開始閃爍，然後再恢復成點亮狀態）。

請各位注意，在複
製過程中切勿拔掉
USB 電纜！

※ 為什麼要按下重置按鍵？理由在於
將程式寫入之後，如果想要在與個人
電腦連線的狀態下運作時，不按下重
置的話是無法運作的。
按下重置按鍵後，LED 的閃爍僅是一
瞬間，甚至可能會遺漏而沒發現到。然
而，只要 micro:bit 能夠依照程式運
作，就不會有問題。

4 愛心符號開始閃爍了。

 ➡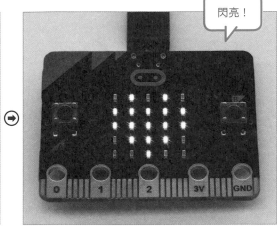

閃亮！

1

認識 micro:bit

想要結束 micro:bit 時

micro:bit 並不具備電源的 ON／OFF 按鍵，而是透過 USB 電纜由個人電腦來供應電源的。想要結束時，只要拔掉 USB 電纜即可（拔掉電纜之後，已寫入的程式還是會被留存下來的）。

想要讓 micro:bit 單獨運作時

將 micro:bit 從個人電腦拆離，連接到其他作品讓它單獨運作時，會需要外接電源。以下介紹一些具常見的電源連接方式。

① **使用電池盒**
　　把乾電池放入電池盒，再將連接線插入電池盒用接頭。如果成功通電的話，背面確認用的 LED 會發出橘色燈光。

② **使用電池模組**
　　將乾電池放入電池模組（參照 110 頁），使用螺絲跟 micro:bit 連接。將連接線插到電池盒用接頭。如果成功通電了，背面確認用的 LED 會發出橘色燈光。

2

了解 micro:bit 的功能

這一章將透過範例對 micro:bit 搭載的按鍵開關、各種感測器的使用方式進行解說。藉由實際動手製作，可讓我們更加了解 micro:bit 具備的功能。

(2-1)

在開關 ON 時顯示文字

使用按鍵開關將文字或數字顯示在 LED 上吧！

[我們可以辦到的事]

按下 A 鍵 LED 會顯示「A」，按下 B 鍵 LED 會顯示「B」、同時按下 A 鍵與 B 鍵則會顯示「A+B」

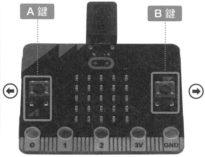

按下 A 鍵會顯示為 A。

按下 B 鍵會顯示 B。

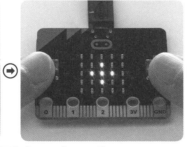

同時按下 A 鍵與 B 鍵時，則會連續地顯示為「A」→「+」→「B」。

👉 要如何才能辦到呢？

將下述 2 項以程式對 micro:bit 下達命令。

① 指定按鍵。

② 指定按下按鍵時會觸發的動作。

程式的最終形態

最終的程式如下所示。

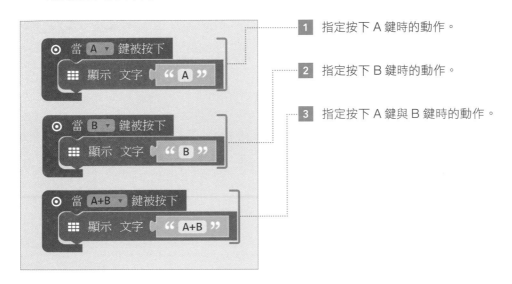

1 指定按下 A 鍵時的動作。

2 指定按下 B 鍵時的動作。

3 指定按下 A 鍵與 B 鍵時的動作。

程式設計

1 點擊位於程式設計軟體上方的「專案」，從開啟的視窗點選「新專案」。回到主畫面之後，請在下載按鈕右側「未命名」的欄位填入我們這次要製作的程式名稱（如：按鍵開關）。

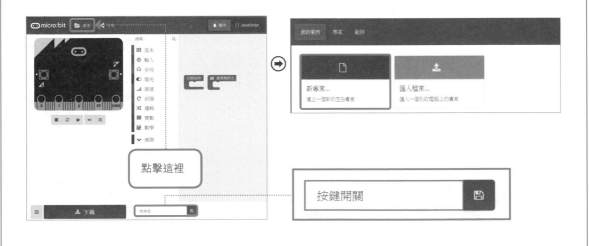

2 首先，讓我們指定 A 鍵的動作。將「當 A 鍵被按下」積木拖曳到程式設計區。

使用積木 輸入→當 A 鍵被按下

3 點擊「A」欄位之後，就會出現下述項目。請確認已勾選「A」。

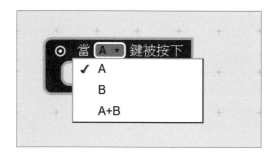

4 連接「顯示文字」積木，將「Hello!」的部分變更為「A」。

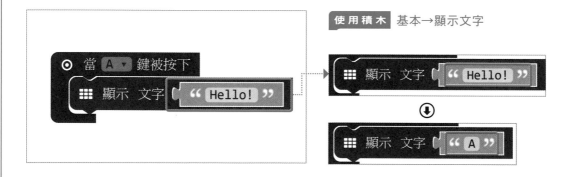

使用積木 基本→顯示文字

注意

我們可以在這裡輸入的只有半形的英數字（大寫或小寫都可以）與單純的符號而已。其他文字雖然可以寫入積木，但卻無法在模擬器或 micro:bit 顯示出來，還請注意。

5 接著指定 B 鍵的動作。稍微離開一點，拖曳「當 A 鍵被按下」積木至程式設計區，然後勾選「B」。

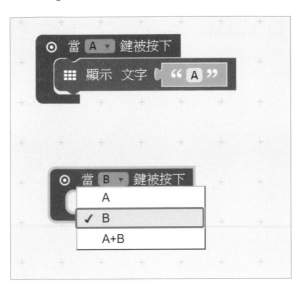

使用積木 輸入→當 A 鍵被按下

6 連接「顯示文字」積木，請將「Hello!」的部分變更為「B」。

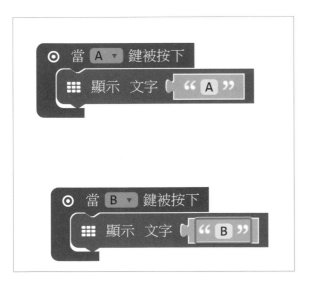

使用積木 基本→顯示文字

7 最後，指定同時按下 A 鍵與 B 鍵的動作。稍微離開一點，拖曳「當 A 鍵被按下」積木至程式設計區，然後勾選「A+B」。

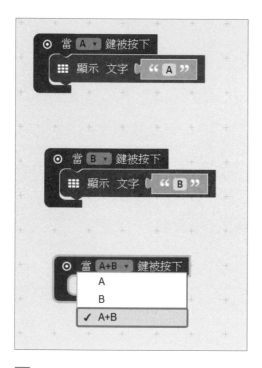

使用積木 輸入→當 A 鍵被按下

8 連接「顯示文字」積木，請將「Hello!」的部分變更為「A+B」後就完成了。

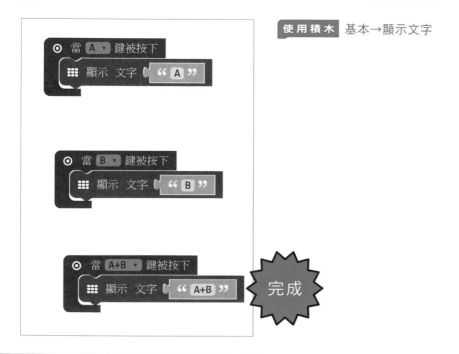

使用積木 基本→顯示文字

完成

☞ 以模擬器確認

　我們用模擬器確認一下，各位會發現 B 鍵的下方會出現 A+B 鍵。這個 A+B 鍵，是在使用「當 A+B 鍵被按下」積木時才會出現的。

　由於我們無法在模擬器上同時點擊 A 鍵與 B 鍵，所以需要使用這個新增的 A+B 鍵。只要點擊這裡，就等於同時按下 A 鍵與 B 鍵。

　請各位確認一下，按下 A 鍵後 LED 的部分是否會顯示「A」，按下 B 鍵後是否會顯示「B」，按下 A+B 鍵後是否會顯示「A+B」。

點擊 A 鍵

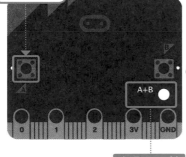
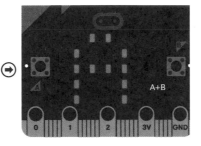

出現 A+B 鍵

☞ 在 micro:bit 上實測

1　下載程式並複製到 micro:bit，然後按下 micro:bit 的重置按鍵（參照第 29 頁）。

2　分別按下 A 鍵、B 鍵，以及同時按下 A 鍵與 B 鍵，確認一下 LED 的顯示內容。

　我們也可以依照同樣的方式，來顯示其他各種文字。

2

了解 micro:bit 的功能

(2-2) 使用功能 腳位（觸碰感測器） 製作愛情計量表

使用腳位（觸碰感測器）來製作觸碰後便會反應的裝置吧！

[我們可以辦到的事]

跟朋友手牽手並觸碰 micro:bit 的腳位，
便會將適合度以 0～10 的數字來顯示其程度

用一隻手握住 micro:bit 的 GND 腳位不放，另一隻手握住想要得知彼此適合度的對方的手，並請對方的另一隻手握住 micro:bit 的 P0 腳位。

☞ 要如何才能辦到呢？

將下述 2 項，以程式來對 micro:bit 下達命令。

① 指定當特定腳位被觸碰時會觸發的動作。
② 以數字顯示適合度的程度。

☞ 程式的最終形態

指定當腳位 P0 被觸碰時的動作。

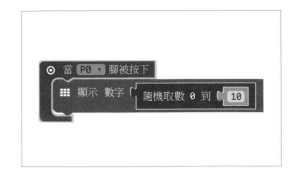

☞ 程式設計

1 在程式設計軟體上選取「新專案」，將填入接下來所要製作的程式名稱（如：「愛情計量表」）。（與第 35 頁的程式設計步驟 1 的做法相同。）

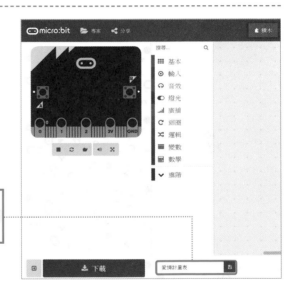

2 拖曳「當 P0 腳被按下」積木到程式設計區。

使用積木 輸入→當 P0 腳被按下

3 連接「顯示數字」積木。

使用積木 基本→顯示數字

4 將「隨機取數 0 到 4」積木與「顯示數字」積木連接，並將數字由「4」變更為「10」就完成了。

※ 關於「亂數（隨機取數）」請參照第 43 頁。

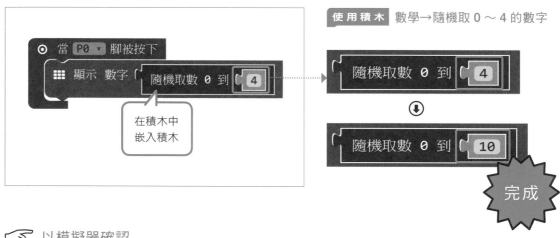

使用積木 數學→隨機取 0 ～ 4 的數字

在積木中
嵌入積木

完成

👉 以模擬器確認

　請點擊模擬器上標示為「0」的腳位。點擊之後會變成紅色，LED 會隨機顯示出 0-10 的數字。
下圖顯示為「5」。

點擊腳位 P0

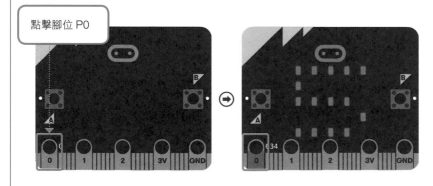

☞ 在 micro:bit 上實測

----

1 請下載程式並複製到 micro:bit，再按下 micro:bit 的重置按鍵（參照第 29 頁）。

2 請捏住 micro:bit 的 GND 腳位。

3 請朋友捏住 micro:bit 的 P0 腳位。

4 請以另一隻手與朋友手牽手。

5 數字就會顯示出來。會顯示出 0 ～ 10 的適合程度。

注意

在跟其他的人嘗試之前，請先自行測試一下功能是否可以正常運作。請用右手捏住 GND 腳位，用左手捏住 P0 腳位。會因汗水或是手心的濕氣不同而出現不同反應。如果發現不太順利，請暫時放置一會兒，再重新嘗試看看吧！

🧪 **科 學 小 單 元**

牽手之後會發生什麼事？

由於電流可以在人體中傳導流動，因此人體屬於導體（可通電的物體）。兩個人手牽手，以各自空下來的那隻手捏住 P0 腳位與 GND 腳位時，人體與 micro:bit 之間就會形成迴路，電流就可流通，使觸碰感測器有反應，進而讓 LED 顯示出數字。

何謂「亂數」？

所謂亂數，即為無法預知接下來將會出現哪個數字的意思。舉例來說，投擲骰子出現的數字，由於無法得知到底會出現哪個數字，所以是亂數。

在製作程式時，有時需要呼叫亂數來使用。然而，電腦是一種用來進行正確計算的機械，原本是無法隨機產生數字的。因此，電腦仍然是藉由計算來產生隨機的數字。像這樣被產生出來的亂數稱作「偽隨機數」。在程式設計上，會使用這樣的偽隨機數。

了解 micro:bit 的功能

使用其他腳位來做適合度占卜

可以使用的腳位,除了 P0 之外還有 P1 與 P2。我們使用剩下的 2 個腳位,並如下所示增添兩個積木群組,來製作其他適合度占卜裝置吧!

👉 程式的最終形態

請朋友從這三個腳位當中選出 1 個來捏住。選擇 P0 腳位會顯示數字,選擇 P1 腳位會顯示文字,選擇 P2 腳位則會顯示圖示。哪個腳位會顯示什麼,就請各位先保持神秘吧!

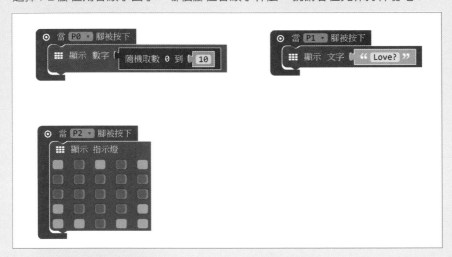

👉 在 micro:bit 上實測

----

1 請捏住 micro:bit 的腳位 GND。

2 以一隻手持續捏住 micro:bit,用另一隻手握住對方的手。

3 請對方用另外一隻手,捏住 micro:bit 的 P0、P1、P2 任何一個腳位。適合度的結果會顯示在 LED 上面。

捏住腳位 P0 時,可得知 1～10 的適合程度。

捏住腳位 P1 時,會出現 L→o→v→e→? 等文字。

捏住腳位 P2 時,會出現愛心符號。

(2-3)

使用功能 加速感測器
製作猜拳遊戲

接著讓我們使用加速感測器，製作一個搖晃 micro:bit 就會反應的裝置。

[我們可以辦到的事]

搖晃後，會隨機出現石頭、剪刀、布

剪刀石頭

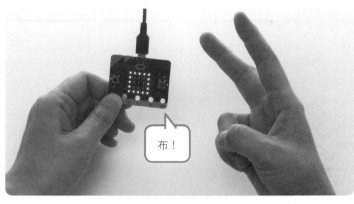

布！

單手握住 micro:bit 並搖晃它，同時用另外一隻手猜出石頭、剪刀、布其中之一。micro:bit 的 LED 上也會顯示石頭、剪刀、布其中之一。是哪邊猜贏了呀？

◉ 石頭

◉ 剪刀

◉ 布

☞ 要如何才能辦到呢？

讓我們想想看，關於猜拳遊戲，哪些是必須由 micro:bit 來做的呢？

① 使用 **LED** 呈現石頭、剪刀、布。
② 搖晃 **micro:bit** 時要讓 **LED** 發光。
③ 隨機出現石頭、剪刀、布。

☞ 程式的最終形態

搖晃 micro:bit 後，以隨機的方式從 0、1、2 之中選擇一個數字，0 的時候讓 LED 顯示為布，1 的時候顯示為石頭，2 的時候顯示為剪刀。

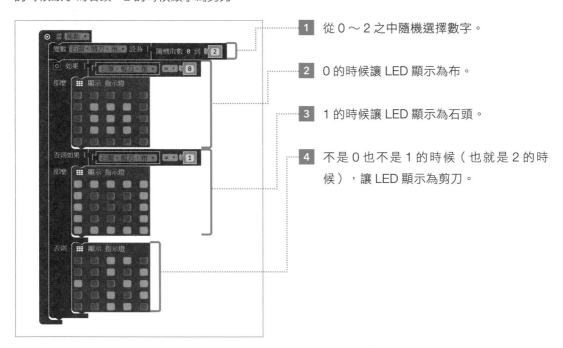

1 從 0 ～ 2 之中隨機選擇數字。

2 0 的時候讓 LED 顯示為布。

3 1 的時候讓 LED 顯示為石頭。

4 不是 0 也不是 1 的時候（也就是 2 的時候），讓 LED 顯示為剪刀。

☞ 程式設計

----

1 在程式設計軟體上選取「新專案」，填入要製作的程式名稱（如：猜拳遊戲）。（與第 35 頁的程式設計步驟 **1** 是相同的做法。）

猜拳遊戲

2 請將「當搖動」積木拖曳到程式設計區。

使用積木 輸入→當搖動

3 連接「變數 item 設為 0」積木。

使用積木 變數→變數 item 設為 0

4 點擊「item」欄位會顯示下拉項目，請選擇「重新命名變數」。

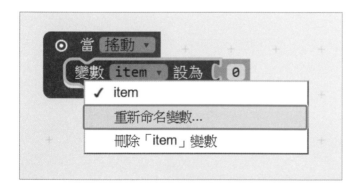

5 會開啟另外的視窗，請將變數名稱改為「石頭、剪刀、布」並點擊「確定」。

Rename all 'item' variables to:

石頭、剪刀、布

確定 ✓   取消 ✗

POINT
如此一來，我們新增的這個變數積木，在這個專案進行作業的期間，都會被顯示在工具箱中。

6 請將「隨機取數 0 到 4」積木與「變數 石頭、剪刀、布 設為 0」積木連接，並將數字「4」改
　成「2」。

　使用積木 數學→隨機取數 0 到 4

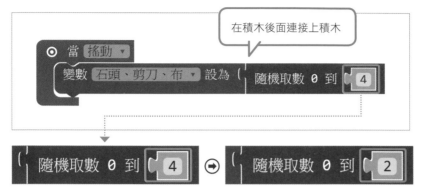

7 接下來，連接「如果／那麼／否則」積木。

　使用積木 邏輯→如果／那麼／否則

8 以「如果／那麼／否則」積木來製作「如果／那麼／否則如果／那麼／否則」的全新邏輯積木
　（製作方式請參照第 49 頁）。

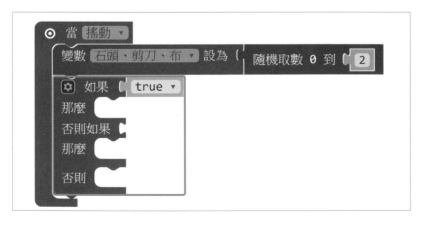

✏️ 程式設計軟體精通秘技

想要製作新的邏輯積木時…點擊設定圖示

讓我們在這裡舉個範例，編排「如果／那麼／否則」積木，以製作出「如果／那麼／否則如果／那麼／否則」積木。

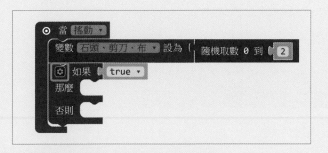

請點擊位於積木左上方的齒輪圖示（設定圖示）。會出現對話框。

⬇

對話框工具箱　　對話框程式設計區

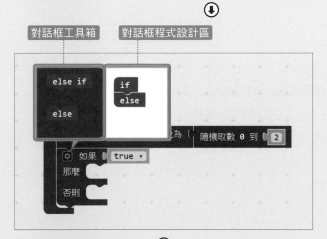

這個對話框左側灰色的部分即為對話框的工具箱，右側白色的部分即為對話框的程式設計區。我們只要在對話框程式設計區重新組合積木，就可以變更原本的「如果／那麼／否則」積木了。

⬇

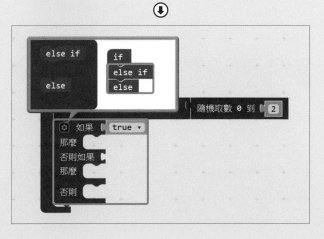

請將「else if」積木連接在「if」積木與「else」積木之間。完成後再次點擊設定圖示，就能關閉對話框，「如果／那麼／否則如果／那麼／否則」積木就完成了。

9 如下圖連接「0＝0」積木。

使用積木 邏輯→ 0 ＝ 0

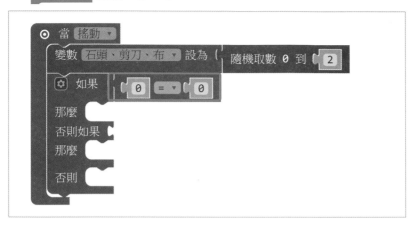

10 請將「石頭、剪刀、布」積木連接到「0＝0」積木前半部的「0」欄位中。

使用積木 變數→石頭、剪刀、布

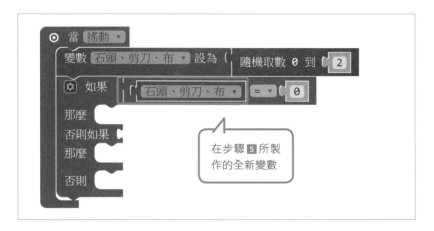

在步驟 **5** 所製作的全新變數

11 連接「顯示指示燈」積木，並將 LED 指定為「布」的形狀。

使用積木 基本→顯示指示燈

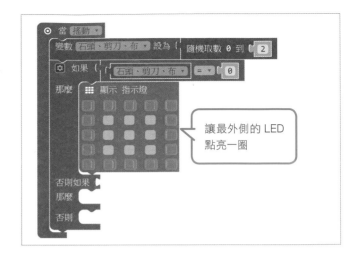

讓最外側的 LED 點亮一圈

12 在「否則如果」的右側連接「0 = 0」積木。

使用積木 邏輯→ 0 = 0

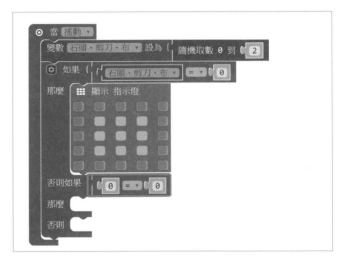

13 請在前半「0」的欄位中嵌入「石頭、剪刀、布」積木，並將後半的「0」改為「1」。

使用積木 變數→
石頭、剪刀、布

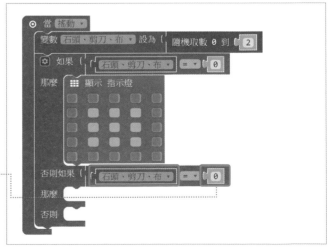

14 接著在下方連接「顯示指示燈」積木，將 LED 指定為石頭的形狀。

使用積木　基本→顯示指示燈

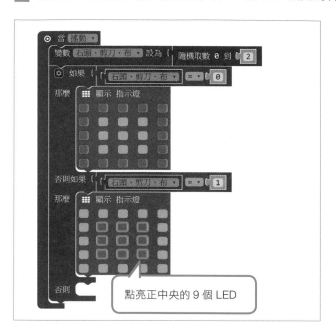

點亮正中央的 9 個 LED

15 最後在下方連接「顯示指示燈」積木，將 LED 指定為剪刀的形狀，便完成了。

使用積木　基本→顯示指示燈

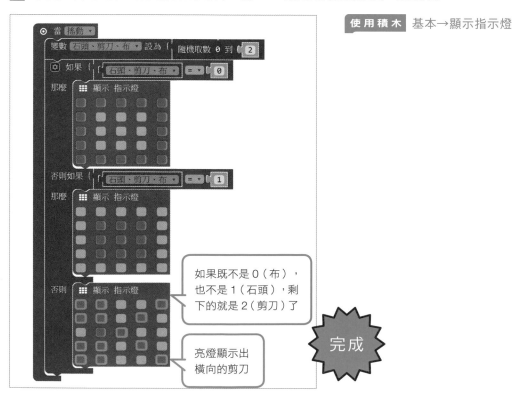

如果既不是 0（布），也不是 1（石頭），剩下的就是 2（剪刀）了

亮燈顯示出橫向的剪刀

完成

☞ 以模擬器確認

　模擬器中，B鍵的上方應該會出現「●SHAKE」文字才對。這個「●SHAKE」是使用了「當搖動」積木時才會出現的。由於我們無法去搖晃模擬器上的 micro:bit，這時候就可以點擊「●SHAKE」上的「●」部分。如此一來，就會如同實際搖晃了 micro:bit 一樣（下圖顯示的是剪刀）。

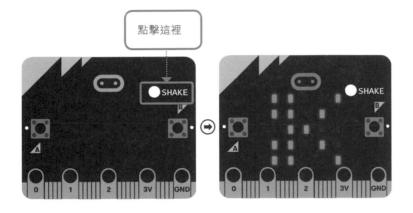

點擊這裡

☞ 在 micro:bit 上實測

1　下載程式並複製到 micro:bit，然後按下 micro:bit 的重置按鍵（參照第 29 頁）。

2　用單手拿住 micro:bit 並搖晃。

　以後跟朋友猜拳時就可以使用 micro:bit 了！我們還可以改變顯示的圖案，製作成可以抽幸運籤的裝置等，各位可以發揮創意進行各種嘗試。

(2-4) 使用功能 地磁感測器 製作指南針

使用地磁感測器將 micro:bit 變身成指南針吧！

[我們可以辦到的事]

讓 micro:bit 的頭部在面向北方時會顯示「N」

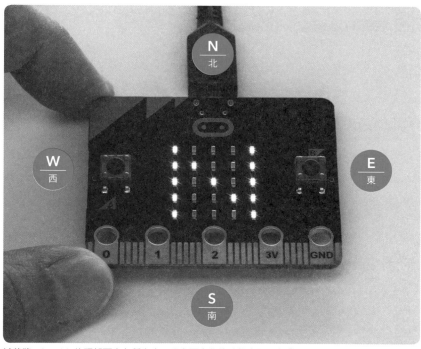

試著將 micro:bit 的頭部面向各種方向，只有面向北的時候會顯示出「N」。
我們只需要知道一個方位就可以得知其他的方位。

👉 要如何才能辦到呢？

思考一下，要能做為指南針，micro:bit 需要辦到哪些事情？

① 將方位與文字建立關聯性。

② 當面向其他方位時不要做出任何顯示。

☞ 程式的最終形態

當 micro:bit 的頭部面向「0°到 45°」或「316°到 359°」這些範圍時，讓 LED 顯示出 N（北）（參照第 58 頁）。

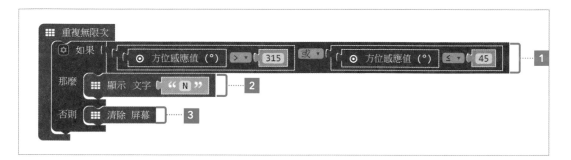

1 指定 N（北）的方位。

2 面向 N（北）的時候顯示「N」。

3 面向其他方位時則清除屏幕。

☞ 程式設計

1 在程式設計軟體選取「新專案」，輸入要製作的程式名稱（如：「指南針」）。（與第 35 頁的程式設計步驟 1 做法相同。）

2 將「如果／那麼／否則」積木連接到「重複無限次」積木。

> **使用積木** 基本→重複無限次

> **使用積木** 邏輯→如果／那麼／否則

3 在「如果／那麼／否則」積木的「如果」的後面，連接「或」積木。

> **使用積木** 邏輯→或

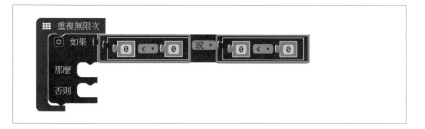

4 在「或」積木前、後的欄位裡面，嵌入兩個「0 ＜ 0」積木。

> **使用積木** 邏輯→ 0 ＜ 0

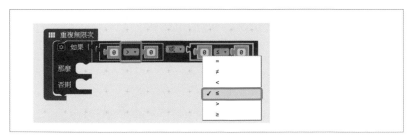

5 將前半部的「0 ＜ 0」改成「0 ＞ 0」，後半部的「0 ＜ 0」改成「0 ≦ 0」（積木上使用的符號是「≤」）。

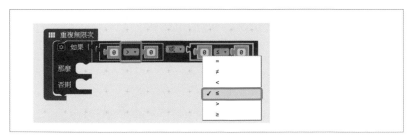

6　請在「0 ＞ 0」積木與「0 ≦ 0」積木的前半部都嵌入「方位感應值」積木。

使用積木 輸入→方位感應值

```
重複無限次
  如果  [ ⊙ 方位感應值 (°) ] ＞ [ 0 ]  或  [ ⊙ 方位感應值 (°) ] ≦ [ 0 ]
  那麼
  否則
```

7　請將「＞」後的數字由「0」改為「315」，「≦」後的數字由「0」改為「45」。

```
重複無限次
  如果  [ ⊙ 方位感應值 (°) ] ＞ [ 315 ]  或  [ ⊙ 方位感應值 (°) ] ≦ [ 45 ]
  那麼
  否則
```

8　請連接「顯示文字」積木，並將文字由「Hello!」改為「N」。最後連接「清除屏幕」積木就算完成了。

使用積木 基本→顯示文字

使用積木 基本→更多→清除屏幕

```
重複無限次
  如果  [ ⊙ 方位感應值 (°) ] ＞ [ 315 ]  或  [ ⊙ 方位感應值 (°) ] ≦ [ 45 ]
  那麼  顯示 文字 [ " N " ]
  否則  清除 屏幕
```

完成

在模擬器中可以發現 micro:bit 機器人圖示的右端變成箭頭了。此外，整個機器人圖示應該還會緩慢地閃爍。

讓箭頭旋轉，就可以模擬 micro:bit 在進行旋轉時的狀況，位於右側的「90°」數字會變化。當這個數字落在「0°到45°」或「316°到359°」的時候，LED 就會顯示出「N」文字。

點擊這裡使箭頭旋轉

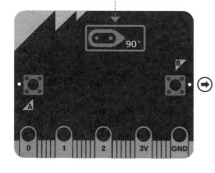 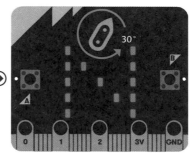

POINT

我們也可以讓 LED 顯示四個方向。將其餘的角度範圍劃分跟為 46°～135°、136°～225°、226°～315° 共三個方向，並指定顯示的文字為 E（東）、S（南）、W（西）。如此一來，不論 micro:bit 的頭部面向哪個方位，都會以 LED 顯示出對應文字。

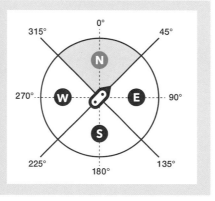

☞ 在 micro:bit 上實測

1 下載程式並複製到 micro:bit，然後按下 micro:bit 的重置按鍵（參照第 29 頁）。

2 將 micro:bit 的表面朝上，並開始旋轉。

3 插有 USB 電纜的方向面向北時，便會顯示出「N」。

◉ 如果遇到地磁感測器無法正常運作時

　按下步驟 **1** 的重置按鍵之後，還需要設定作為基準的水平方向。

　在 LED 跑出「DRAW A CIRCLE」的文字之後，LED 會有一處發光，此時請將 micro:bit 傾斜或旋轉，直到發光處移動到如右下圖所示的任何一個藍色的位置。

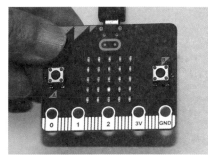

POINT
為了要能正確使用地磁感測器，我們需要讓 micro:bit 相對於地面來保持水平。如果有傾斜的話，就會無法正確偵測地磁，而導致顯示的方位發生誤差。而這個誤差，可藉由事前設定作為基準的水平方向來彌補。

將發光處移動到任何一個藍色的位置。

　讓第一個發光處移動到邊緣之後，第二個就會開始發光。繼續將 micro:bit 傾斜或旋轉，直到第二個發光處移動到任一個藍色的位置。像這樣重複幾次，LED 就會畫出如右上圖所示的圓形。

　畫出一個圓之後，如果出現如右方照片所示的笑臉符號，就代表地磁感測器的準備工作已經完成。寫入的程式就會被執行。

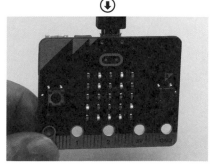

(2-5)

使用功能 **BLE（無線通訊功能）**
讓 micro:bit 彼此進行通訊

使用 micro:bit 的無線通訊功能，來將資料由 micro:bit 傳送到另一台 micro:bit 吧！

[我們可以辦到的事]

micro:bit 的 LED 顯示出來的圖案，
讓另一台 micro:bit 的 LED 也顯示出相同圖案

準備好 2 台 micro:bit，分別將發送端、接收端寫入不同程式。
按下發送端的 micro:bit 的 A 鍵，接收端的 LED 將會顯示出「0」。

☞ 要如何才能辦到呢？

將下述 2 項，以程式來對 micro:bit 下達命令。

① 準備好 2 台 **micro:bit**，分別將發送端、接收端寫入不同的程式。
② 發送端的 **micro:bit** 以無線通訊的方式來發送資料，而接收端的 **micro:bit** 會接收該資料。

☞ 程式的最終形態

要進行無線通訊之前，需要事先設定好群組 ID。

◉ 發送端

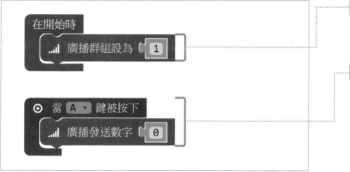

1 將發送端與接收端設定為相同群組 ID（此時為「1」）。

2 按下 A 鍵時，會將數字「0」以無線方式發送。

◉ 接收端

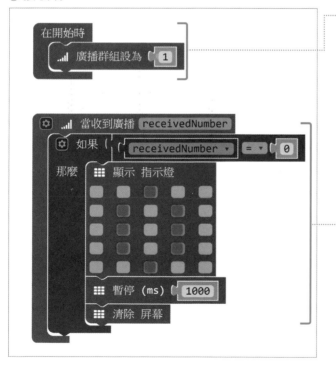

1 將接收端與發送端設定為相同群組 ID（此時為「1」）。

2 以無線方式接收到數字「0」時，LED 會顯示出「0」。

☞ 程式設計

◎ 發送端

1 在程式設計軟體選取「新專案」，輸入要製作的程式名稱（如：「發送」）。（與第 35 頁的程式設計步驟 **1** 作法相同。）

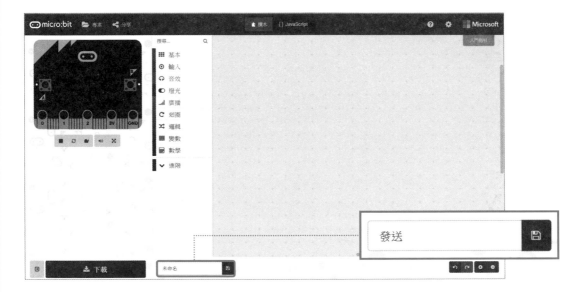

2 請將「廣播群組設為 1」積木連接到「在開始時」積木。

使用積木 基本→在開始時

使用積木 廣播→廣播群組設為 1

3 稍微離步驟 **2** 一點距離，請將「當 A 鍵被按下」積木拖曳到程式區域。

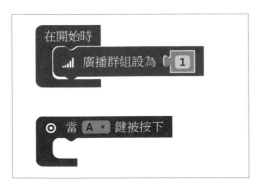

使用積木 輸入→當 A 鍵被按下

4 連接「廣播發送數字」積木之後，發送端的程式便完成了。

使用積木 廣播→廣播發送數字

完成

◉ 接收端

1 在程式設計軟體選取「新專案」，輸入要製作的程式名稱（如：「接收」）。（與第 35 頁的程式設計步驟 **1** 作法相同。）

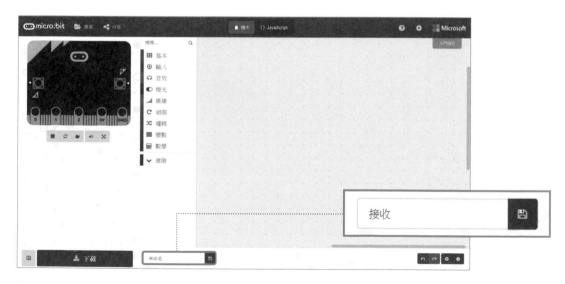

2 請將「廣播群組設為 1」積木連接到「在開始時」積木。

使用積木 基本→在開始時

使用積木 廣播→廣播群組設為 1

3 稍微離步驟 **2** 一點距離,請將「當收到廣播 receivedNumber」積木拖曳到程式設計區,並連接「如果/那麼」積木。

使用積木 廣播→當收到廣播

使用積木 邏輯→如果/那麼

4 在「如果」右邊連接「0 = 0」積木,將「receivedNumber」積木嵌入前半部「0」的欄位裡。

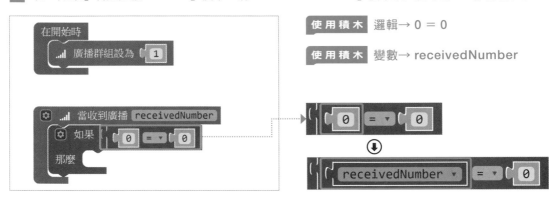

使用積木 邏輯→ 0 = 0

使用積木 變數→ receivedNumber

5 連接「顯示指示燈」積木,並以 LED 來指定圖案。

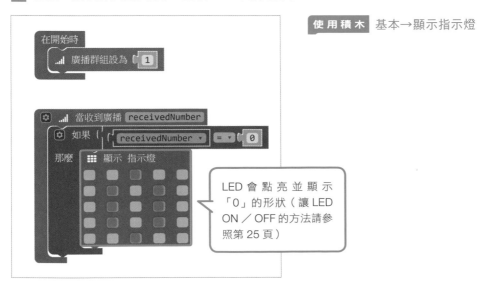

使用積木 基本→顯示指示燈

LED 會點亮並顯示「0」的形狀(讓 LED ON/OFF 的方法請參照第 25 頁)

6 連接「暫停（ms）」積木，將數字由「100」改成「1000」，最後再連接「清除屏幕」積木，
接收端的程式便完成了。

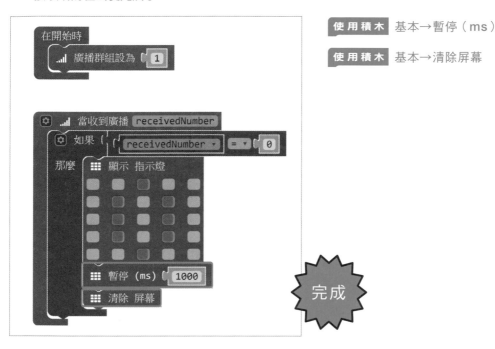

使用積木 基本→暫停（ms）

使用積木 基本→清除屏幕

完成

☞ 以模擬器確認

　　將發送端與接收端的程式放在相同的程式設計區，並按下模擬器的 A 鍵。右上方的無線圖示會瞬
間發光，且接收端的模擬器會出現。再次按下 A 鍵，接收端的 LED 會顯示「0」，由此可知無線通
訊已完成。

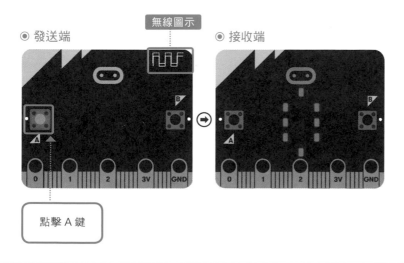

☞ 在 micro:bit 上實測

----

1 下載程式並分別複製到接收端、發送端的 micro:bit，再按下 micro:bit 的重置按鍵（參照第 29 頁）。

2 按下發送端的 A 鍵，傳送到接收端的資料就會顯示。

　　只要擁有 2 台以上的 micro:bit，即可傳送各式各樣的資料進行互動。舉例來說，把其中之一當作遙控器，從相隔一段距離的地方來讓開關 ON ／ OFF，或是以 micro:bit 來操縱會動的玩具與車輛等。

POINT

micro:bit 具備的無線通訊功能規格叫做 BLE（Bluetooth Low Energy），BLE 是一種能以微小電力來進行通訊的規格。電波所能傳送到的距離，雖然會因條件而異，實質大約為 5 公尺左右。micro:bit 的電源在 ON 的時候，就會發射出電波。

(2-6) 使用功能 溫度感測器 製作溫度計

使用溫度感測器來製作一個可以得知溫度上升還是下降的溫度計。

[我們可以辦到的事]

將 micro:bit 量測到的溫度，顯示於 LED

將 micro:bit 拿到想要量測溫度的地方，按下 A 鍵後，溫度會顯示於 LED。

!注意

micro:bi 測量到的其實是基板上 IC 晶片的溫度，因此溫度感測器程式顯示的數值，並非實際的氣溫或室溫。然而，它可以確實偵測到溫度是否上升或下降，所以我們還是把它稱作「溫度計」。

☞ 要如何才能辦到呢？

將下述 3 項，以程式來對 micro:bit 下達命令。

① 讓溫度感測器運作。

② 將測量到的數值顯示於 LED。

③ 清除顯示的數值。

☞ 程式的最終形態

我們來製作一個按下 A 鍵會顯示溫度，按下 B 鍵後會清除顯示的程式。

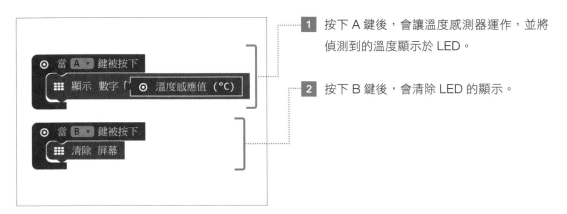

1 按下 A 鍵後，會讓溫度感測器運作，並將偵測到的溫度顯示於 LED。

2 按下 B 鍵後，會清除 LED 的顯示。

☞ 程式設計

1 在程式設計軟體選取「新專案」之後，輸入要製作的程式名稱（如：「溫度計」）。（與第 35 頁的程式設計步驟 1 作法相同。）

2 請將「當 A 鍵被按下」積木拖曳到程式設計區。

使用積木 輸入→當 A 鍵被按下

3 連接「顯示數字」積木。

使用積木 基本→顯示數字

4 將「溫度感應值」積木嵌入「顯示數字」積木裡面。

使用積木 輸入→溫度感應值

5 稍微離開一些,請將「當 A 鍵被按下」積木拖曳到程式設計區,並配置於與步驟 **4** 相同的畫面上。接下來將「A」欄位改成「B」。

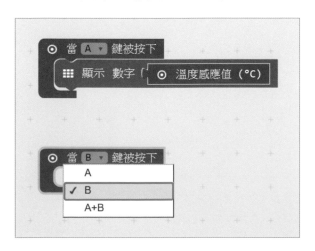

使用積木 輸入→當 A 鍵被按下

6 將「清除屏幕」積木連接到「當 B 鍵被按下」積木中就完成了。

使用積木 基本→更多→清除屏幕

完成

👉 以模擬器確認

　按下 A 鍵之後，模擬器上會出現溫度計，並顯示當時的溫度。同時在 LED 畫面上也會顯示出數字（會以平移方式一次顯示一個位數）。

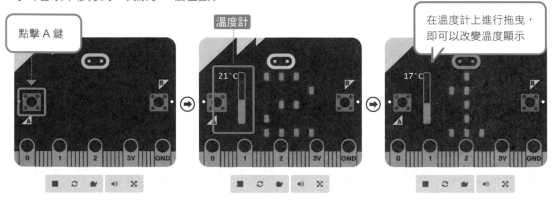

點擊 A 鍵

溫度計

在溫度計上進行拖曳，即可以改變溫度顯示

👉 在 micro:bit 上實測
----

1 下載程式並複製到 micro:bit，然後按下 micro:bit 的重置按鍵（參照第 29 頁）。

2 到想要量測溫度的場所按下 A 鍵。

3 偵測到的溫度會以 LED 顯示。按下 B 鍵後顯示就會消失（如果數字是 2 位數以上的話，就算不按下 B 鍵，數字平移完成之後也會自動消失）。

4 間隔一段時間之後再次進行測量，即可得知溫度是否有上升或是下降。

⚠ 注意

想要將它從個人電腦拔離攜帶外出時，請改用電池盒或電池模組（參照第 32 頁）。

使用功能 光感測器
製作照度計

將 LED 作為光感測器，製作測量亮度的照度計。

[我們可以辦到的事]

將 micro:bit 量測到的亮度顯示於 LED

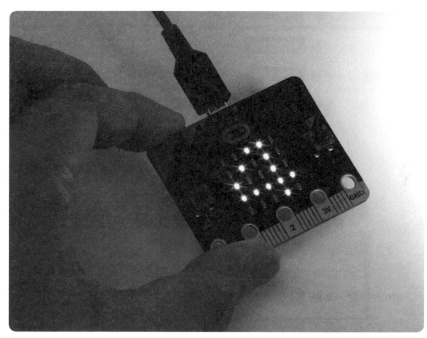

將 micro:bit 拿到想要測量亮度的場所。按下 A 鍵之後，測量到的亮度會以數值形式顯示於 LED。

☞ 要如何才能辦到呢？

將下述 3 項，以程式來對 micro:bit 下達命令。

① 讓光感測器運作。

② 將測量到的亮度數值顯示於 LED。

③ 清除所顯示的數值。

☞ 程式的最終形態

讓我們來製作一個按下 A 鍵會將亮度顯示於 LED，按下 B 鍵後會清除顯示的程式。

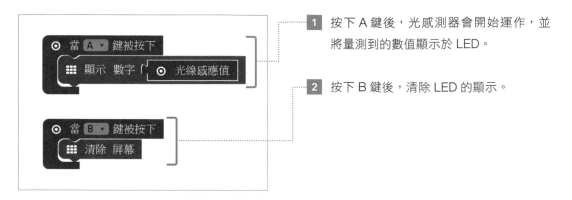

1　按下 A 鍵後，光感測器會開始運作，並將量測到的數值顯示於 LED。

2　按下 B 鍵後，清除 LED 的顯示。

☞ 程式設計

1　在程式設計軟體選取「新專案」之後，輸入要製作的程式名稱（如：「照度計」）。（與第 35 頁的程式設計步驟 1 作法相同。）

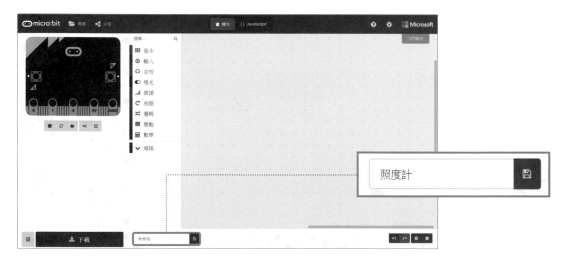

2　「當 A 鍵被按下」積木拖曳到程式設計區。

使用積木 輸入→當 A 鍵被按下

3 連接「顯示數字」積木。

使用積木 基本→顯示數字

4 將「光線感應值」積木嵌入「顯示數字」積木裡面。

使用積木 輸入→光線感應值

5 離開一點距離,將「當 A 鍵被按下」積木拖曳到程式設計區,並配置於與步驟 **4** 相同的畫面上。
將「A」欄位改成「B」。

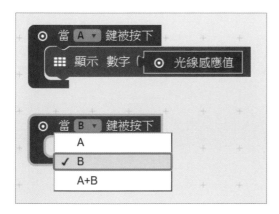

使用積木 輸入→當 A 鍵被按下

6 將「清除屏幕」積木連接到「當 B 鍵被按下」積木中就完成了。

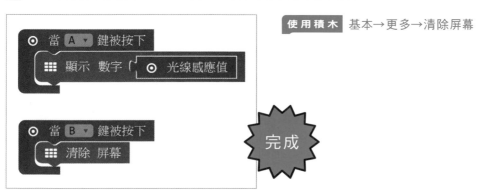

使用積木 基本→更多→清除屏幕

按下 A 鍵後,模擬器上會出現照度計並顯示亮度。範圍在 0 ～ 255,越明亮數字會越大。同時 LED 也會顯示出數字(會以平移方式一次顯示一個位數)。

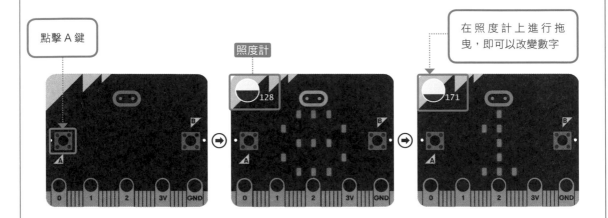

點擊 A 鍵

照度計

在照度計上進行拖曳,即可以改變數字

☞ 在 micro:bit 上實測

1 下載程式並複製到 micro:bit,然後按下 micro:bit 的重置按鍵(參照第 29 頁)。

2 在想要測量亮度的場所按下 A 鍵。

3 LED 會以數字顯示出亮度。按下 B 鍵後顯示就會消失(如果數字是 2 位數以上的話,就算不按下 B 鍵,在數字平移完成後會自動消失)。

4 在明暗不同的地方移動,可觀察到數字會變化。

 注意

想要將它從個人電腦拔離攜帶外出時,請改用電池盒或電池模組(參照第 32 頁)。

🧪 科 學 小 單 元

發光的 LED 為什麼會變成光感測器?

LED 看起來很像一直都在發光,其實是以很快的速度在重複閃爍。在它的閃爍消失時,就是光感測器發揮功用的時候。由於 LED 具備當接觸光線時會產生電流的特質,所以可藉由流經的電流大小來偵測亮度(光的強度)。

3

以 micro:bit 製作作品

對 micro:bit 的功能有了大致的了解之後,就可以來製作作品了。本章
會將 micro:bit 與簡單的零件或材料組合製作出作品。讓我們來實際嘗
試看看,透過程式設計可以辦到哪些事情。

(3-1) 製作感光特雷門琴

利用 micro:bit 的光感測器，來製作一種只需要把手伸在空中，即可演奏出旋律的電子樂器「特雷門琴」吧！

[我們可以辦到的事]

將手伸向 micro:bit 時
讓音階可以隨著手勢（光線的明暗）來產生變化

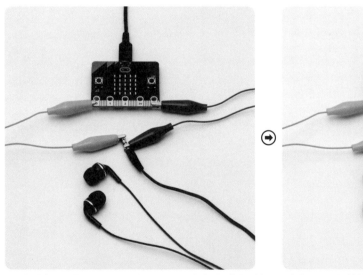
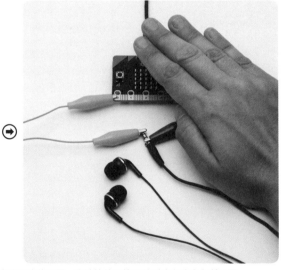

讓我們試著將手伸向 micro:bit 的正面。依照光感測器接收到光線明暗的不同，從連接的耳機可聽到的音效會有所不同。

☞ 要如何才能辦到呢？

製作一個可將亮度的程度與發出音效建立關聯性的程式，並寫入 micro:bit。

① 指定亮度的範圍。
② 指定音效。
③ 將所製作好的音效與亮度建立關聯性。
④ 將耳機和 micro:bit 連接來聽聽看音效。

☞ 程式的最終形態

讓我們以程式來指定哪個範圍內的亮度要演奏何種音效。

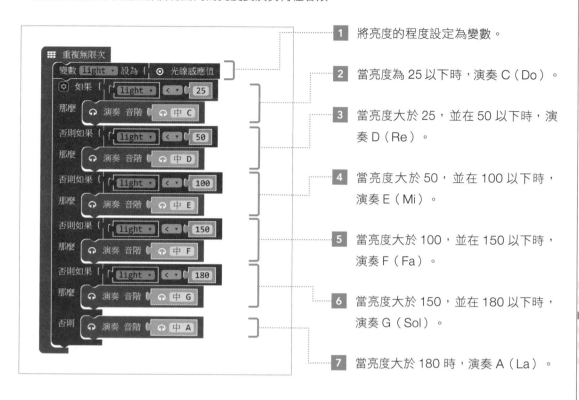

1 將亮度的程度設定為變數。

2 當亮度為 25 以下時，演奏 C（Do）。

3 當亮度大於 25，並在 50 以下時，演奏 D（Re）。

4 當亮度大於 50，並在 100 以下時，演奏 E（Mi）。

5 當亮度大於 100，並在 150 以下時，演奏 F（Fa）。

6 當亮度大於 150，並在 180 以下時，演奏 G（Sol）。

7 當亮度大於 180 時，演奏 A（La）。

🧪 科 學 小 單 元

特雷門琴是什麼樣的樂器？

特雷門琴，是一種將手伸向天線，利用靜電容量（蓄積在手與天線之間的靜電容量）的變化來產生音效的電子樂器。這是俄羅斯的科學家特雷門於 1920 年代發明的，可說是現代電子樂器的始祖。這個小節製作的感光式特雷門琴，是使用光線亮度的變化，來取代靜電容量的變化。

☞ 程式設計

1 選擇「新專案」。使用「重複無限次」積木。

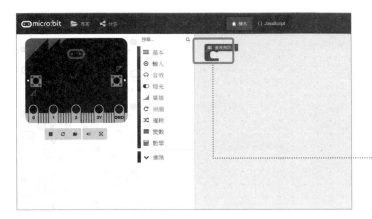

使用積木 基本→重複無限次

2 連接「變數 item 設為 0」積木,並將「item」改為「light」(變更方式請參照第 47 頁)。

使用積木 變數→變數 item 設為 0

3 將「光線感應值」積木嵌入到「0」的欄位。

> ### 重複無限次
> 變數 light ▼ 設為 (⊙ 光線感應值

使用積木 輸入→光線感應值

4 連接「如果/那麼/否則」積木。

使用積木 邏輯→如果/那麼/否則

5 點擊設定圖示，並製作出可連續執行 5 次「如果／那麼／否則」的邏輯積木（邏輯積木的製作方式請參照第 49 頁）。

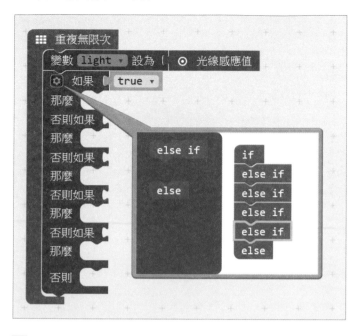

6 在「如果」的右側連接「0 < 0」積木。然後，將變數「light」積木嵌入前半部的「0」，並將後半部的「0」改為「25」。

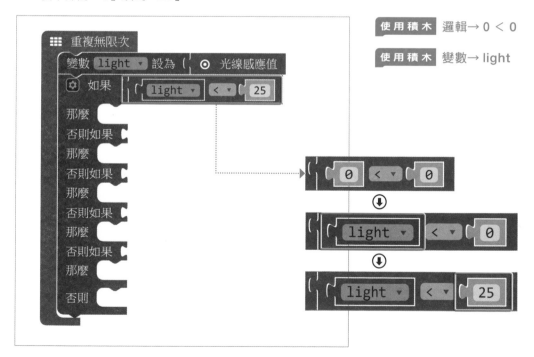

使用積木 邏輯→ 0 < 0

使用積木 變數→ light

7 在步驟 **6** 的下方連接「演奏音階 中 C」積木。

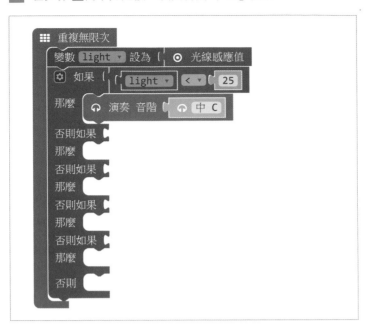

使用積木 音效→演奏 音階 中 C

8 將步驟 **6** 所製作的積木（「light ＜ 25」）複製 4 次，並連接到「否則如果」的右側。在積木 為選取的狀態下，即可進行複製、貼上相同的積木（以鍵盤「Ctrl※」＋「C」→「Ctrl※」＋「V」）。

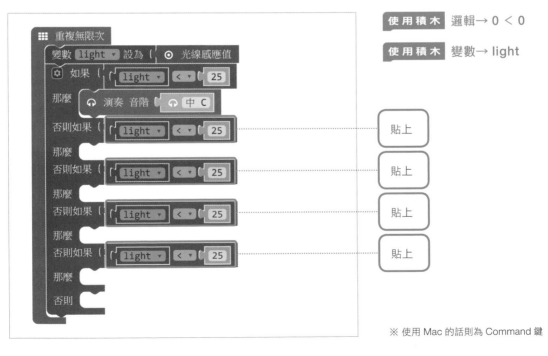

使用積木 邏輯→ 0 ＜ 0

使用積木 變數→ light

※ 使用 Mac 的話則為 Command 鍵

9 將步驟 7 所連接的積木「演奏音階 中 C」複製後貼上 5 次，並依照下圖這樣來連接。

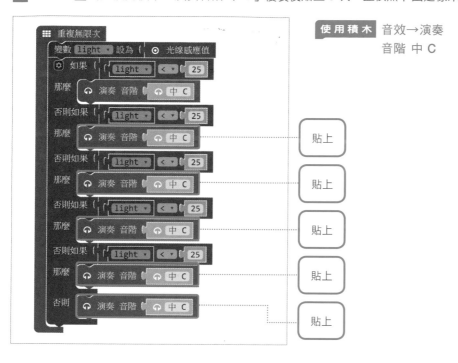

使用積木 音效→演奏
音階 中 C

10 參考下圖，將第 2 個與之後的「light < 25」右側的數字，改為 50、100、150、180。

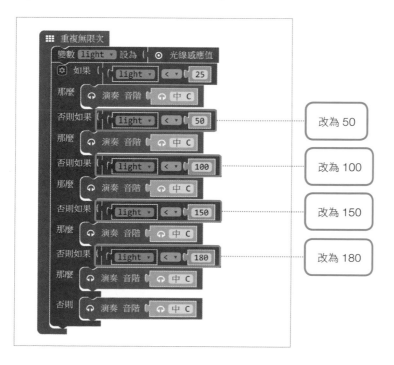

11 參考下圖，點擊第 2 個與之後的「演奏 音階 中 C」的「中 C」欄位，從顯示的鍵盤選擇音效
（參照 114 頁）。按照下述變更完畢之後，便完成了。

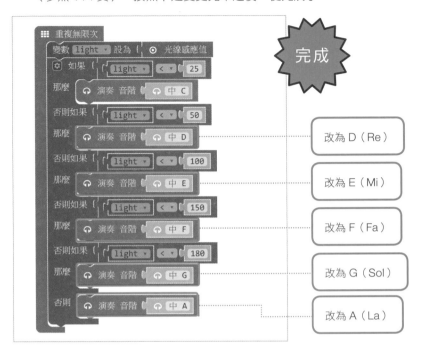

完成

改為 D（Re）

改為 E（Mi）

改為 F（Fa）

改為 G（Sol）

改為 A（La）

☞ 以模擬器確認

模擬器的「0」腳位會亮顯，而我們可從個人電腦的喇叭聽到音效。拖曳左上方的照度計圖示來
改變亮度，讓音效變化。

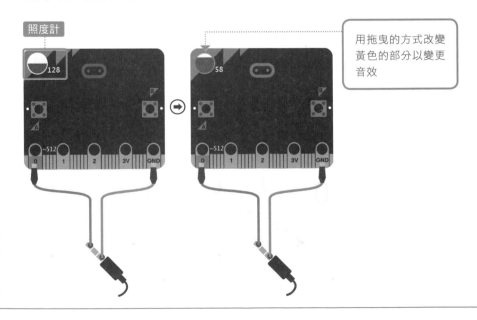

照度計

用拖曳的方式改變
黃色的部分以變更
音效

讓我們用耳機來聽聽看音效。首先,要將耳機插頭
接到 micro:bit 上。

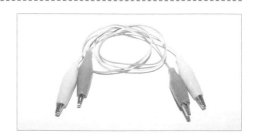

● **要準備的物品**
立體聲耳機、鱷魚夾線 2 條(右方照片)
※ 鱷魚夾線要自行購買。

1 將 1 條鱷魚夾線連接到 GND 腳位,另 1 條連接
到 P0 腳位。

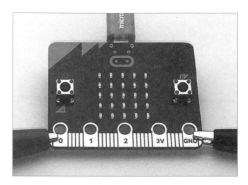

2 接到 GND 腳位鱷魚夾線的另一端連接到耳機插
頭的尾端,連接 P0 腳位鱷魚夾線的另一端連接
到耳機插頭的前端。

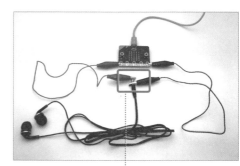

3 下載程式並複製到 micro:bit,然後按下 micro:bit
的重置按鍵(參照第 29 頁)。

4 完成寫入的當下會同時發出音效。我們用耳機來
確認音效吧。由於音量有可能會很大,請各位在
放入耳朵之前務必確認一下音量。

5 將手掌伸到 LED 的上方產生陰影來改變音效。

還可以下一些功夫,將程式再編排一下,使用按鍵
開關來切換音效的 ON / OFF 等,讓它更易於使用。

POINT
如果聲音太大的話,也可以搭配小型喇叭
來使用。

(3-2) 製作反應遊戲

製作一個以觸碰腳位來測量反射神經的遊戲機。

[我們可以辦到的事]

LED 發光後盡快觸碰指定腳位
會顯示從發光後到被觸碰為止的時間

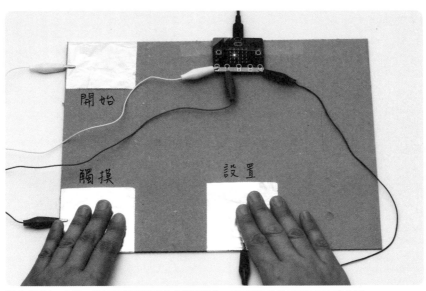

觸碰「開始」之後，當 LED 發光後盡快去觸碰腳位。就可得知你的反射神經有多快速。

👉 要如何才能辦到呢？

製作遊戲程式並寫入 micro:bit，最後再製作遊戲的裝置。

① 指定觸碰「開始」按鍵時的動作。

② 測量當 LED 發光直至觸碰到腳位為止的時間。

③ 以 LED 顯示測量數字。

④ 手工製作裝置，並進行配線。

☞ 程式的最終形態

這個程式會有三個獨立的積木群組。

群組 A，用來定義所使用到的變數。只有在剛開始時會執行一次的程式。

群組 B，為遊戲的開始按鍵。指定當腳位 P0 被按下、開始倒數、用以作為反應開始指令的 LED 至點亮為止的動作。

群組 C，則是會對於當腳位 P1 被按下時，是否有被正確地採取反應動作來進行判定。如果有被正確地採取反應動作，則會顯示出直到採取該反應動作共耗費了多少毫秒。

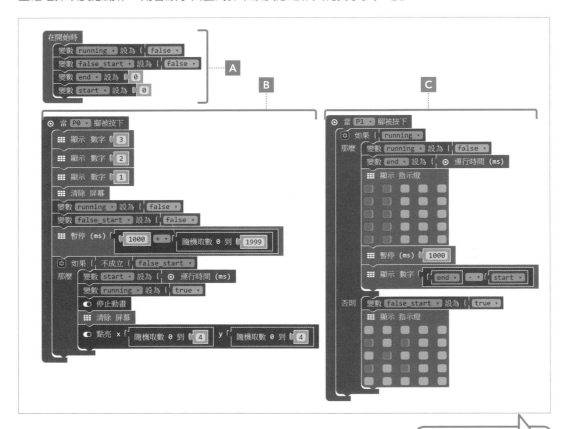

雖然從這裡開始就會稍微變難一點，不過還是讓我們逐一依循步驟來進行程式設計吧！

☞ 程式設計

◉ 群組 A

1 首先，我們來製作群組 A 的程式。選擇「新專案」，使用「在開始時」積木。

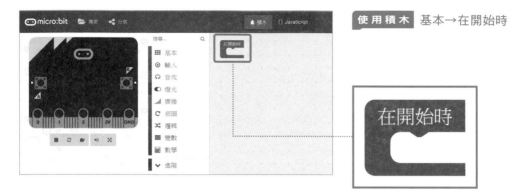

使用積木 基本→在開始時

2 連接「變數 item 設為 0」積木，將前半部的「變數」名稱改為「running」。同樣的，一一連接上「變數 item 設為 0」積木，並把前半部的變數名稱改為「false_start」、「end」、「start」（新變數命名方式請參照第 47 頁）。

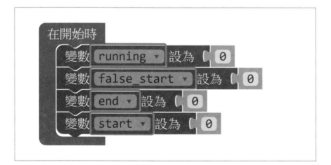

使用積木 變數→變數 item 設為 0

3 請將第 1 個與第 2 個變數積木的後半部「0」的欄位，嵌入「false」積木。如此一來群組 A 便完成了。

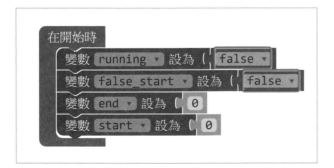

使用積木 邏輯→ false

◉ 群組 B

4 接著製作群組 B。在稍微離開群組 A 一點的地方,將「當 P0 腳被按下」積木拖曳到程式設計區。
連接三個「顯示數字」積木,並將數字改為「3」、「2」、「1」。

使用積木 輸入→當 P0 腳被按下

使用積木 基本→顯示數字

5 連接「清除屏幕」積木。請在它的下方連接兩個「變數 item 設為 0」積木,並將前半部的「變數」名稱改為「running」及「false_start」。再將兩個「false」積木嵌入到各自後半部的欄位。

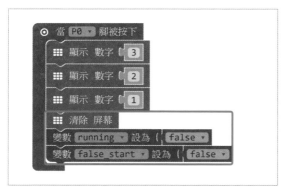

使用積木 基本→更多→清除屏幕

使用積木 變數→變數 item 設為 0

使用積木 邏輯→ false

6 連接「暫停(ms)」積木,再將「0+0」積木嵌入到後半部的數字欄位。並將前半部的「0」改為「1000」。

使用積木 基本→暫停(ms)

使用積木 數學→ 0+0

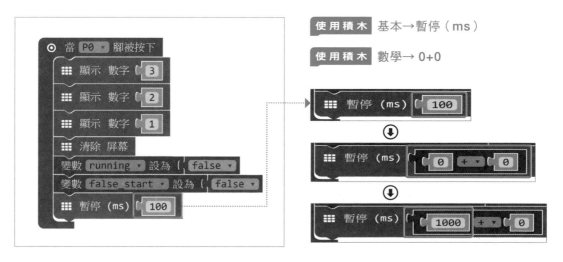

7 將「隨機取數 0 到 4」積木嵌入步驟 **6** 的「1000+0」積木的後半部，並將「4」改為「1999」。

`使用積木` 數學→隨機取數 0 到 4

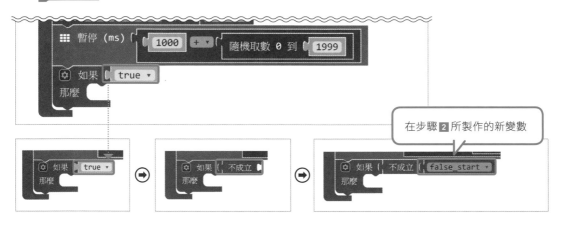

8 請將「如果／那麼」積木連接到步驟 **7**，再將「如果」右側的「true」欄位改成「不成立」積木，並嵌入「false_start」積木。

`使用積木` 邏輯→如果／那麼 　　`使用積木` 變數→ false_start

`使用積木` 邏輯→不成立

9 連接兩個「變數 item 設為 0」積木，並將「變數」的名稱各自改為「start」、「running」。再來，將第 1 個積木後半的「0」嵌入「運行時間（ms）」積木，將第 2 個積木後半的「0」嵌入「true」積木。

`使用積木` 變數→變數 item 設為 0 　　`使用積木` 邏輯→ true

`使用積木` 輸入→更多→運行時間（ms）

10 連接「停止動畫」積木，接著再連接「清除屏幕」積木。

使用積木 LED →更多→停止動畫

使用積木 基本→更多→清除屏幕

11 最後，連接「點亮 x0 y0」積木，並將 2 個「0」的欄位各自嵌入「隨機取數 0 到 4」積木後，
群組 B 就完成了。

使用積木 燈光→點亮 x0 y0

使用積木 數學→隨機取數 0 到 4

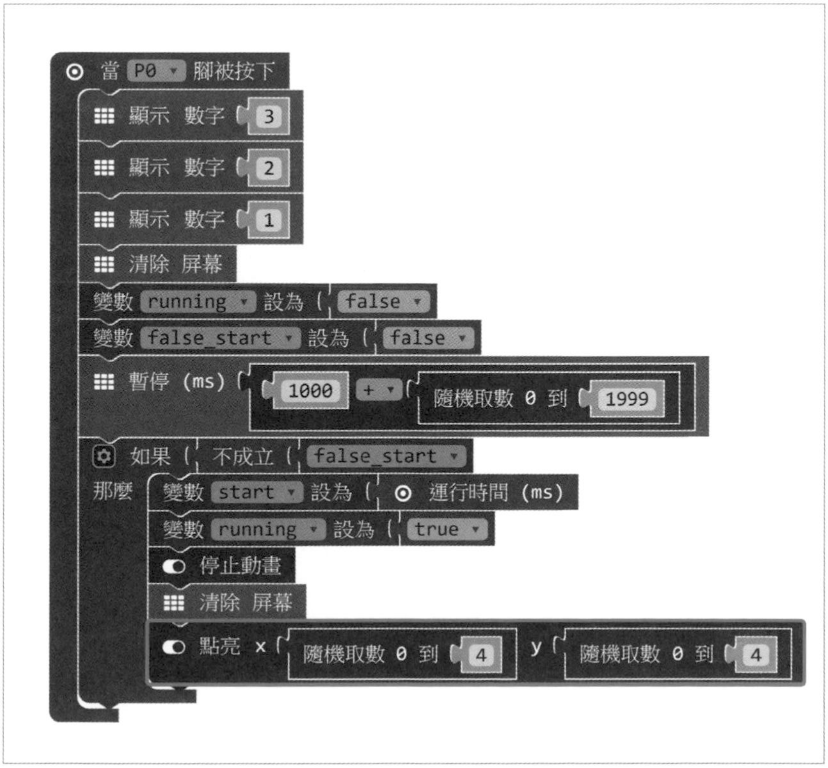

◉ 群組 C

12 最後來製作群組 C。稍微離群組 B 一點距離，將「當 P0 腳被按下」積木拖曳到程式設計區，並將 P0 腳位改為 P1。在下方連接「如果／那麼／否則」積木。

> **使用積木** 輸入→當 P0 腳被按下

> **使用積木** 邏輯→如果／那麼／否則

13 請在「如果／那麼／否則」積木的「true」欄位嵌入「running」積木。

> **使用積木** 變數→ running

在步驟 **2** 所製作的新變數

14 連接「變數 item 設為 0」積木，將前半部的「變數」改為「running」，將「false」積木嵌入後半部「0」的欄位。再連接另一個「變數 item 設為 0」積木，並將前半部的「變數」改為「end」，將「運行時間（ms）」積木嵌入到後半部「0」的欄位。

> **使用積木** 變數→變數 item 設為 0　　**使用積木** 輸入→更多→運行時間（ms）

> **使用積木** 邏輯→ false

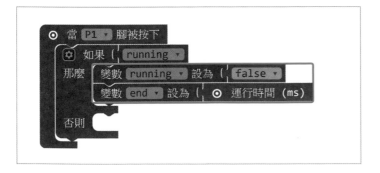

15 連接「顯示指示燈」積木，指定點亮左側縱向 2 列的 LED。接著連接「暫停（ms）」積木，將數字的欄位由「100」改為「1000」。

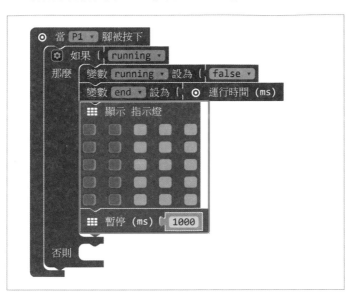

> **使用積木** 基本→顯示指示燈
>
> **使用積木** 基本→暫停（ms）

16 連接「顯示數字」積木，在「0」的欄位嵌入「0-0」積木。然後，在前半部「0」的欄位嵌入「end」積木，在後半部「0」的欄位嵌入「start」積木。

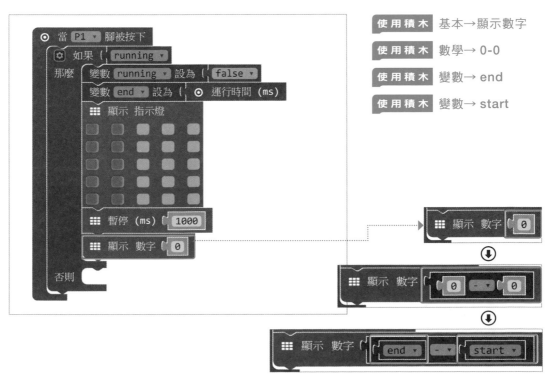

> **使用積木** 基本→顯示數字
>
> **使用積木** 數學→ 0-0
>
> **使用積木** 變數→ end
>
> **使用積木** 變數→ start

17 在「否則」的右側連接「變數 item 設為 0」積木。將「變數」的欄位改為「false_start」，將「true」積木嵌入到「0」的欄位。

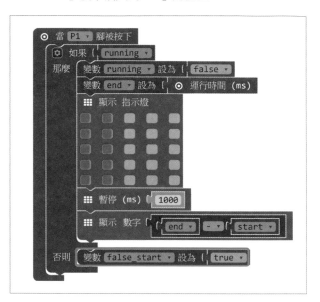

使用積木 變數→變數 item 設為 0

使用積木 邏輯→ true

18 連接「顯示指示燈」積木。指定 LED 來顯示出「×」（打叉）圖示，則群組 C 也完成了。

使用積木 基本→顯示指示燈

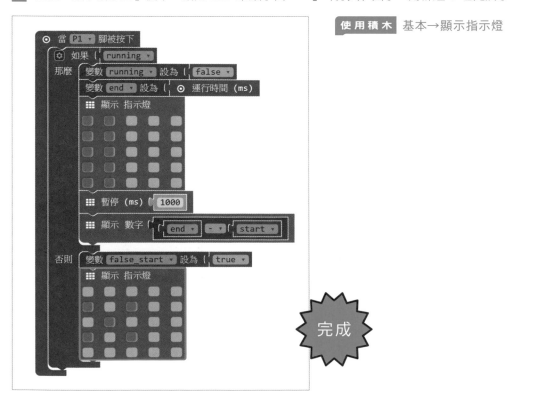

完成

　程式設計後當下雖然並不會有什麼變動，不過腳位 P0 與腳位 P1 的旁邊會出現數字「0」。點擊
腳位 P0（步驟 **1**），便會開始進行「3」→「2」→「1」倒數（步驟 **2**）。倒數完畢之後，將會
點亮 1 個 LED。LED 點亮的瞬間，點擊腳位 P1（步驟 **3**）。只要有正確點擊時便會顯示長條（棒狀）
圖示（步驟 **4**）。在這之後，會以毫秒顯示 LED 點亮之後直到進行點擊為止的時間（步驟 **5**）。
若腳位 P1 未被正確點擊時，則會顯示出 × 圖示（步驟 **6**）。

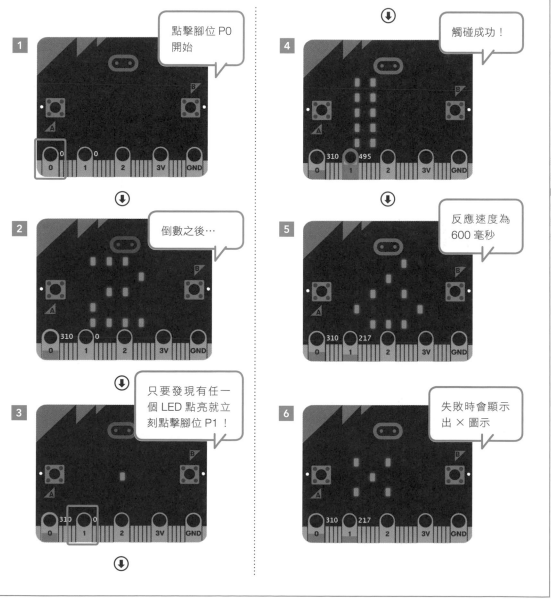

☞ 製作裝置

使用身邊的材料，來製作一個遊戲機板吧。

● 要準備的物品

已寫入程式的 micro:bit（寫入的方式請參照第 29 頁）、USB 電纜、鱷魚夾線 3 條、瓦楞紙（大約 30×20cm）、鋁箔紙、透明膠帶、雙面膠帶、麥克筆

1　裁切鋁箔紙，製作 10×14cm 尺寸的 1 張，14×14cm 尺寸的 2 張。

2　將步驟 1 的鋁箔紙各自對折（會變成 10×7cm 尺寸的 1 張，14×7cm 的 2 張）。

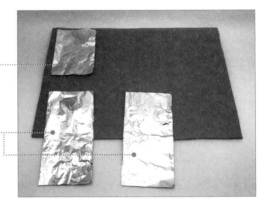

3　如照片所示，以 10×7cm 的鋁箔紙夾住左上方的邊角，以 14×7cm 的鋁箔紙夾住左下方的邊角與中央下方的邊，並用雙面膠帶固定。請將 micro:bit 以透明膠帶固定在中央上方。

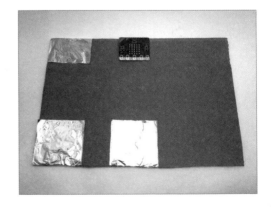

4 以鱷魚夾線連接 micro:bit 的腳位與指定的鋁箔紙。P0 腳位連接左上方的鋁箔紙，GND 腳位連接中央下方的鋁箔紙，P1 腳位連接左下方的鋁箔紙。

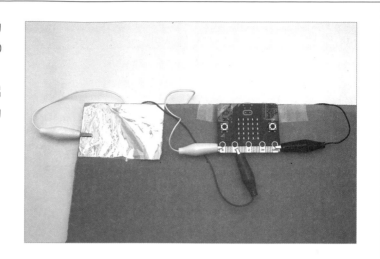

5 依照片所示進行配線。

連接 micro:bit 的 P0 腳位。　　　　　　　　以 USB 電纜來連接電源。

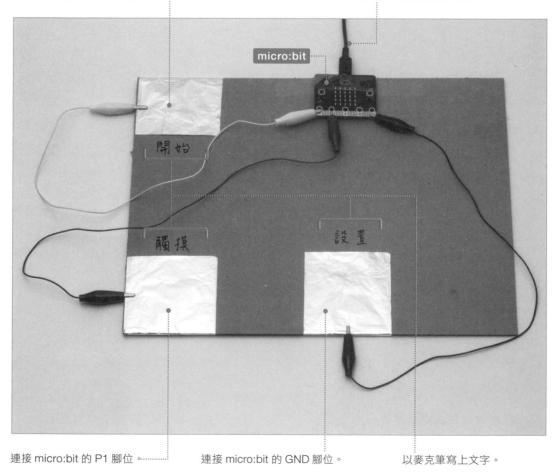

連接 micro:bit 的 P1 腳位。　　連接 micro:bit 的 GND 腳位。　　以麥克筆寫上文字。

☞ 在 micro:bit 上實測

　　請將右手一直放在寫著「設置」（中央下方）的鋁箔紙上不動，以左手來觸碰「開始」（左上方）的鋁箔紙（步驟 1 ）。如此一來，micro:bit 的 LED 便會顯示數字「3」→「2」→「1」開始進行倒數（步驟 2 ）。

　　倒數完畢之後，micro:bit 的 LED 便會有 1 處點亮（步驟 3 ）。看到點亮的 LED 之後，盡快以左手去觸碰左下方的鋁箔紙（步驟 4 ）。右手仍持續放在「設置」上。

　　如果成功的話，LED 會顯示條（棒狀）圖示，在這之後將會以毫秒顯示燈亮到反應完畢為止的時間（步驟 5 ）。如果按壓不確實的話會失敗，失敗時將會顯示出 × 圖示（步驟 6 ）。

　　可以用這個裝置跟朋友比賽反應的速度喔！

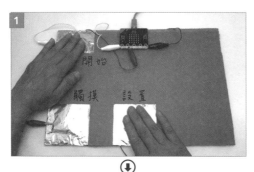

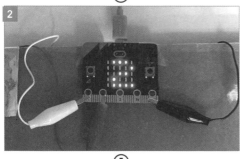

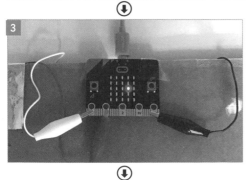

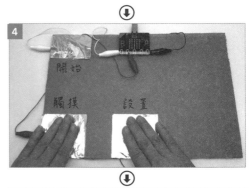

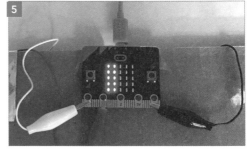

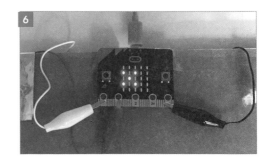

(3-3) 製作電吉他

來自創吉他吧!使用 micro:bit 各式各樣的感測器,搭配瓦楞紙裁切的琴身來製作。這將是一把不但會發出音效還會發光的吉他。讓我們依照步驟,一步一步進行程式設計。

[我們可以辦到的事]

利用到腳位(觸碰感測器)、按鍵開關、加速感測器、光感測器,來改變音效與燈光

我們只要搖晃吉他、將手伸向 LED,就可以從連接上的耳機或喇叭聽到音效,並讓 LED 發光。

 要如何才能辦到呢?

製作一個可以發出音效、讓 LED 發亮的程式,並寫入 micro:bit 裡。最後,組合出吉他的形狀。

① 決定要使用何種感測器來進行演奏或是讓 LED 發亮。

② 決定要讓各種感測器發出什麼音效(或讓 LED 發亮),以及要如何產生變化。

③ 手工製作吉他的琴身,並將零件進行配線。

！注意

在這裡所製作的,是一個貌似電吉他且能發出音效的裝置。並無法像真正的吉他那樣進行演奏。

☞ 程式的最終形態

最後共會有四個獨立的積木群組。

群組 A 指定使用觸碰感測器（腳位 P1）來顯示 LED 圖示、發出音效。

群組 B 指定當按下 B 鍵時顯示 LED 圖示、發出音效。

群組 C 指定使用加速感測器或光感測器來改變音效。

群組 D 指定當按下 A 鍵時便會發出音效；再按一次，音效便會停止。

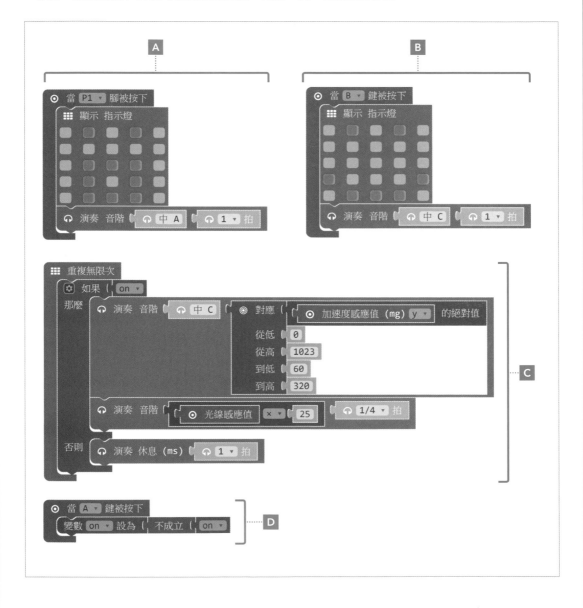

☞ 程式設計

◉ 群組 A

1 首先，讓我們來製作群組 A 的程式。選擇「新專案」，將「當 P0 腳被按下」積木拖曳到程式
設計區。然後，請將「P0」改為「P1」。

使用積木 輸入→當 P0 腳被按下

2 連接「顯示指示燈」積木，並指定當碰觸到腳位 P1 時要顯示的圖示。

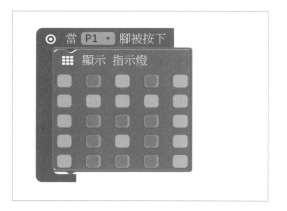

使用積木 基本→顯示指示燈

3 連接「演奏 音階 中 C 1 拍」積木，並指定當觸碰到腳位 P1 時想要發出的音效與音長。範例是
設定為發出 A（La）的音（中 A），1 拍。如此一來群組 A 便完成了。

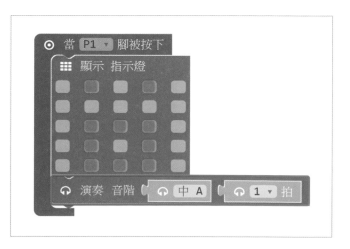

使用積木 音效→
演奏
音階 中 C
1 拍

3 以 micro:bit 製作作品

◉ 群組 B

4 在群組 A 的旁邊，將「當 A 鍵被按下」積木拖曳到程式設計區，並將按鍵「A」改為「B」。

使用積木 輸入→當 A 鍵被按下

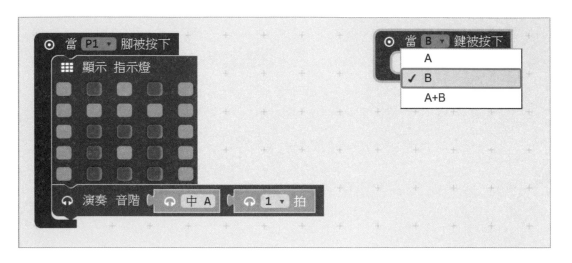

5 與群組 A 相同，連接「顯示指示燈」積木與「演奏 音階 中 C 1 拍」積木。複製步驟 3 的積木，並連接到步驟 4 。然後，在「顯示指示燈」積木指定想要顯示的圖示，並在「演奏 音階 中 C 1 拍」積木中指定想要發出的音效與音長。如此一來群組 B 也完成了。

使用積木 基本→顯示指示燈

使用積木 基本→顯示指示燈

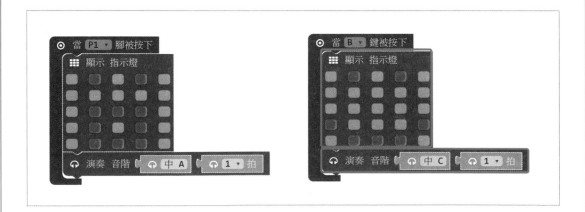

◉ 群組 C

6 請將「重複無限次」積木拖曳到程式設計區群組 A、B 的附近，並連接「如果／那麼／否則」積木。

> **使用積木** 基本→重複無限次

> **使用積木** 邏輯→如果／那麼／否則

7 在「如果」的右方連接「變數」積木。以「重新命名變數」將名稱重新命名為「on」（新名稱命名方式請參照第 47 頁）。在「那麼」的右側連接「演奏 音階 中 C 1 拍」積木。

> **使用積木** 變數→變數

> **使用積木** 音效→演奏 音階 中 C 1 拍

![重複無限次 如果 on 那麼 演奏 音階 中 C 1 拍 否則]

8 在步驟 **7** 的「1 拍」欄位嵌入「對應」積木，並改變數字。將「到低」的「0」改為「60」，「到高」的「4」改為「320」（最終由上到下會是 0、0、1023、60、320）。

> **使用積木** 進階積木→腳位→對應

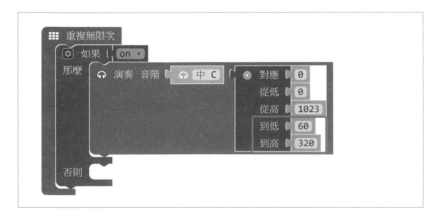

9 在步驟 **8** 「對應」的右方嵌入「0 的絕對值」積木，將「加速度感應值（mg）」積木嵌入「0」的欄位，再將加速度的「X」改為「Y」。

使用積木 數學→更多→ 0 的絕對值　　　　**使用積木** 輸入→加速度感應值（mg）

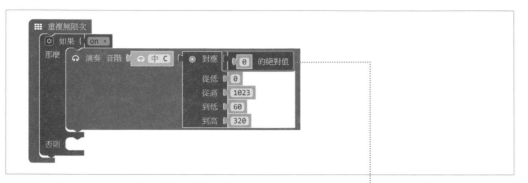

POINT

「對應」積木可以將某範圍內的數值轉換為其他範圍內的數值。以這邊組合好的積木來說，是將「從低」、「從高」指定的 0 ～ 1023 範圍內的數值，轉換為「到低」、「到高」指定的 60 ～ 320 範圍的數值。若碰到原本的數值範圍過大，使程式難以依照我們的想法運作時，可以用「對應」積木來轉換成適當的數值範圍。

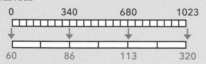

10 連接「演奏 音階 中 C 1 拍」積木，請將「0×0」積木嵌入到「中 C」的欄位。

使用積木 音效→演奏 音階 中 C 1 拍　　　　**使用積木** 數學→ 0×0

11 請在「0×0」積木的前半部「0」的欄位嵌入「光線感應值」積木，請將後半部「0」的欄位改成「25」、「1 拍」改為「1/4 拍」。

使用積木 輸入→光線感應值

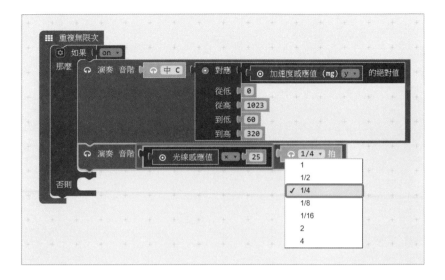

12 請在「否則」的右方連接「演奏 休息（ms）1 拍」，如此一來積木 C 便完成了。

使用積木 音效→演奏 休息（ms）1 拍

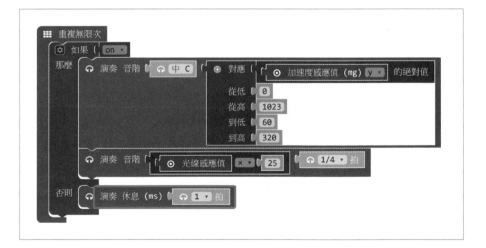

◉ 群組 D

13 最後讓我們來製作群組 D。在群組 A、B、C 的附近，將「當 A 鍵被按下」積木拖曳到程式設計區。

使用積木 輸入→當 A 鍵被按下

14 連接「變數 item 設為 0」積木，並將「變數」改為「on」。

使用積木 變數→變數 item 設為 0

15 在步驟 14 的後半部「0」的欄位嵌入「不成立」積木。

使用積木 邏輯→不成立

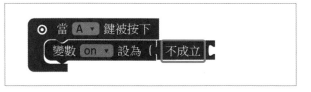

16 請將變數「on」積木連接到「不成立」積木的後面，如此一來積木 D 也完成了。

使用積木 變數→ on

完成

以模擬器確認

程式設計完成當下不會發出任何音效。點擊腳位 P1 之後，LED 會顯示圖示，並發出「A（La）」的音效（步驟 2 ）。點擊 B 鍵之後，LED 會顯示出其他的圖示，並發出「C（Do）」的音效（步驟 3 ）。

點擊 A 鍵之後，會斷斷續續地發出音效。改變左上方所顯示的照度計圖示之後，我們會發現到音階便會隨著亮度而有所變化。再一次點擊 A 鍵之後，音效便會停止。

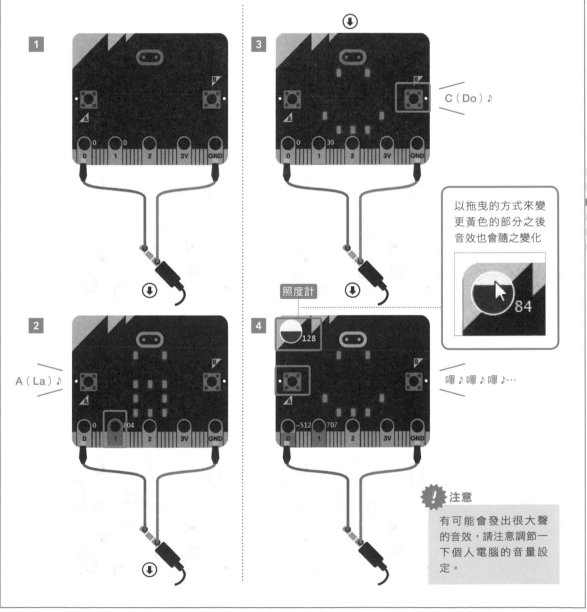

以拖曳的方式來變更黃色的部分之後音效也會隨之變化

照度計

C（Do）♪

A（La）♪

嗶♪嗶♪嗶♪…

注意

有可能會發出很大聲的音效，請注意調節一下個人電腦的音量設定。

☞ 製作裝置

使用一些容易買到的材料，來製作電吉他的琴身吧！

● 要準備的物品
已寫入程式的 micro:bit（寫入的方式請參照第 29 頁）、鱷魚夾線 3 條、電池盒、立體聲耳機、大
張的瓦楞紙（大約 40×80cm）、PE 膠帶、剪刀、美工刀、尺、鉛筆、彩色膠帶、麥克筆
※ 彩色膠帶也可以改用各種可以塗色的顏料或材料。
另外，耳機也可以換成能夠透過立體聲迷你插頭連接的喇叭做為發聲器。

1　首先要決定吉他的造型。可以參考在網際網路
　上搜尋「吉他的剪影」等關鍵字所找出的圖像，
　來構思獨創的造型。將圖像放大到易於演奏的
　大小，以鉛筆將形狀描繪在瓦楞紙上，再用麥
　克筆繪製裁切線。

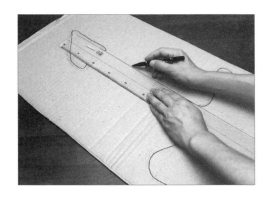

2　沿著裁切線，以剪刀或美工刀來裁切瓦楞紙
　（使用剪刀或美工刀時，請注意安全）。

3　以剩餘的瓦楞紙製作成適當長度的三角柱作為
　琴頸。記得要將裏側貼緊固定牢靠。

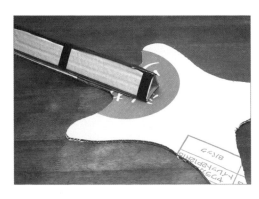

4 貼上彩色膠帶或創造自己獨創的裝飾。

5 琴身完成之後要進行配線。請將電池盒連上 micro:bit。接下來以鱷魚夾線連接 micro:bit 的腳位 P0 與耳機插頭的前端，連接腳位 GND 與耳機插頭的尾端。最後，將鱷魚夾線連接到 micro:bit 的腳位 P1。

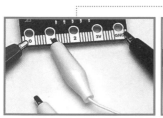

6 如照片所示，安裝在吉他的琴身上。

立體聲耳機的電線

電池盒

micro:bit

纏繞鋁箔紙

連接到吉他琴身上的鋁箔紙部分

0　1　2　3V　GND

耳機插頭

耳機插頭

連接到 micro:bit 的腳位 P1 上

連接到 micro:bit 的腳位 P0 上

連接到 micro:bit 的腳位 GND 上

按下 A 鍵並搖晃吉他,加速感測器就會有所反應,依據搖晃方式而發出各種音效(步驟 1)。用手放在 LED 部分並予以靠近或拉遠之後,光感測器就會有所反應,而使音效有所變化(步驟 2)。

同時碰觸腳位 P0 並按下 B 鍵的話,便會顯示出圖示且發出其他的音效。

各位可以把自己當成吉他手,邊演出邊改變音效,體驗演奏的滋味。

我們還能夠透過程式改變發出音效的音階與音長,試著變更感測器的反應,看看發出音效的方式實際上會有什麼樣的變化,進行各種嘗試。

按下 A 鍵搖晃吉他,便會發出各種音效。

將手放在 LED 的前面,音效會有變化。

 注意

有時候會發出很大的聲音,請各位在用耳機聽音效時,先按下 A 鍵確認一下聲音的大小,再放入耳朵。我們也可以改用小型喇叭來取代耳機。

4

用模組製作作品

接下來我們使用 micro:bit 專用的「模組套件」進行更高階的作品製作吧！「模組套件」是將組立作品時所需的零件做成套件形式以供使用，即使像是伺服馬達等動作機制也可供我們輕鬆運用來挑戰嘗試。

各模組的取得來源

本章所介紹的模組，在 SWITCH EDUCATION 公司的網站上皆有販售。連結模組時所使用到的六角長型螺帽、螺絲或螺母、配線用電線等零件也都買得到。請各位存取下述網址。（台灣讀者可洽網拍販售 microbit 相關產品業者）
https://switch-education.com

(4-1) 模組到底是什麼？

「模組」是可以用螺絲等零件直接連結到 micro:bit 本體來使用的電子基板。可讓我們輕鬆地為 micro:bit 擴充發出音效或燈光、讓馬達旋轉等功能。如以下這些種類。

※ 取得來源請參照第 185 頁。

● 電池模組

可以供應 micro:bit 或其他模組電流的模組。用在不與個人電腦連接，想要以單體的方式使用 micro:bit 的時候。使用時要讓開關 ON，需要三顆 4 號乾電池。

開關在電池的裏側。

● LED 模組

附有可發出綠、黃、紅光的三種 LED 的模組。可用於製作紅綠燈等裝置。

● 旋轉式伺服馬達模組

此為在使用到旋轉式伺服馬達時所需要的模組。基板上附帶有兩個伺服馬達。可用於製作汽車等。（照片上是將旋轉式伺服馬達安裝之後的狀態）。

● 喇叭模組

這是一個搭載正統動態喇叭的模組。可用在想要發出音效的時候。

● LED 燈帶模組

這是一個讓附帶 60 個小型 LED 的燈帶發光所需要的專用模組。可長時間發出亮光（照片是與 LED 燈帶連接後的狀態）。

● 伺服馬達模組

這是一個能夠讓我們連結最多至 3 組伺服馬達的模組。這在製作兩足步行機器人時，是不可或缺的模組。

micro:bit 與模組的連接方式（使用到 2 塊模組時）

將模組連接到 micro:bit 上時，需要使用六角長型螺帽、固定螺絲、螺母、配線用電線等。模組套件會附帶連接所需要的螺絲類零件。

● 連接所需螺絲類

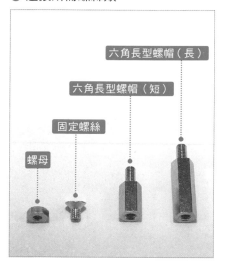

六角長型螺帽（長）

六角長型螺帽（短）

固定螺絲

螺母

● 接續完成圖

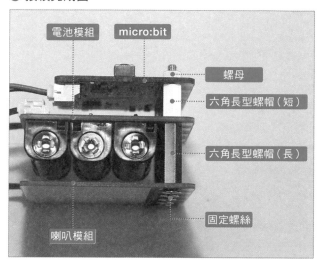

電池模組　micro:bit

螺母

六角長型螺帽（短）

六角長型螺帽（長）

固定螺絲

喇叭模組

● 螺絲的旋轉方式

鎖緊螺絲使用的螺絲起子，最適當即為 JIS 規格的 No.1，也可使用精密螺絲起子中尺寸最粗的起子。鎖緊螺絲時，請垂直往下輕壓並同時旋轉。

● 連接方式

1 請在電池模組放入三顆新的 4 號乾電池，並以配線用電線連接 micro:bit 與電池模組。此外，想要拿起配線用電線時，不要碰觸電線，請抓住接頭部分的塑膠。

抓住這裡

2 請將六角長型螺帽（短）的螺絲部分往 micro:bit 的背面插入，再從正面用螺母固定。將螺母鎖上之後，再用力將六角長型螺帽（短）轉緊，確實固定牢靠。

3 以六角長型螺帽（長）來固定電池模組（使用到電池模組時，只需要安裝到 micro:bit 的正下方即可，相當便利）。

4 在電池模組的下方，再將想要使用的模組（照片為喇叭模組）進行連接，並以固定用螺絲固定。

> **注意**
>
> 螺母及螺絲請確實鎖緊。如未鎖緊的話，可能會造成接觸不良，使模組無法正常運作。

5 如有必要的話，可使用配線用電線來連接電池模組與想使用的模組（有無配線，以及其方式，會因模組而異）。

(4-2)

使用模組▶喇叭模組
製作「會發出音效的蘋果」

使用喇叭模組製作一個觸摸蘋果就會播放音樂的裝置吧！

［我們可以辦到的事］

將蘋果與 micro:bit 的腳位（觸碰感測器）連接，
製作一個觸碰到蘋果便會通電，而使喇叭發出音效的裝置

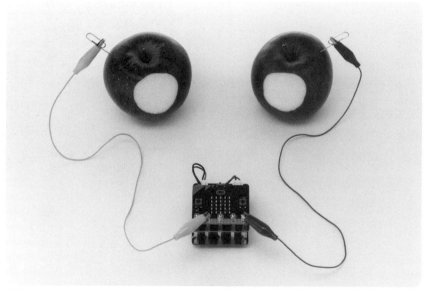

製作一個將蘋果與腳位相連接，則觸碰到蘋果時會通電，使喇叭模組播放出音樂的裝置。
為了方便移動，我們先將 micro:bit 與電池模組連接起來。

☞ 要如何才能辦到呢？

將程式寫入 micro:bit，並搭配模組來製作裝置。

① 以程式指定當觸碰到腳位 **P1** 時所要播放的音效旋律。

② 連接 **micro:bit** 與電池模組、喇叭模組。

③ 將鱷魚夾線連接在準備好的蘋果上，並與②相連接。

腳位 P1 被觸碰時要播放的旋律，如下方程式。

※ 音階的地方沒有特別註記的部分，全部都是「中」。

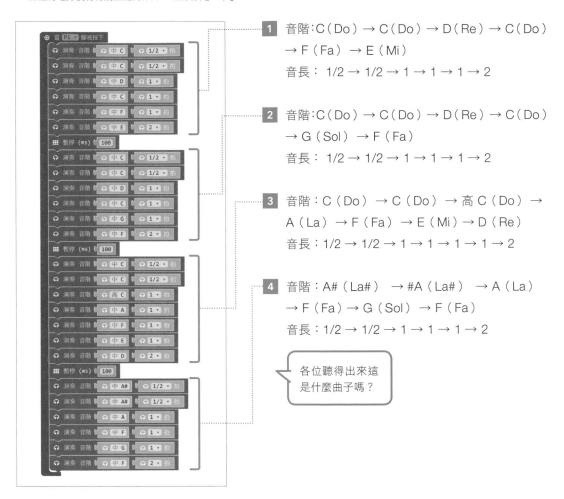

1 音階：C（Do）→ C（Do）→ D（Re）→ C（Do）
→ F（Fa）→ E（Mi）
音長： 1/2 → 1/2 → 1 → 1 → 1 → 2

2 音階：C（Do）→ C（Do）→ D（Re）→ C（Do）
→ G（Sol）→ F（Fa）
音長： 1/2 → 1/2 → 1 → 1 → 1 → 2

3 音階：C（Do）→ C（Do）→ 高 C（Do）→
A（La）→ F（Fa）→ E（Mi）→ D（Re）
音長： 1/2 → 1/2 → 1 → 1 → 1 → 1 → 2

4 音階：A#（La#）→ #A（La#）→ A（La）
→ F（Fa）→ G（Sol）→ F（Fa）
音長： 1/2 → 1/2 → 1 → 1 → 1 → 2

各位聽得出來這是什麼曲子嗎？

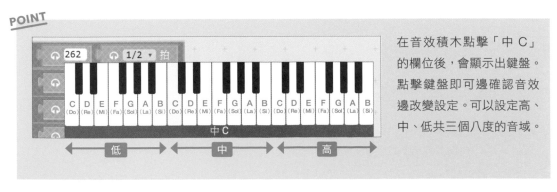

POINT

在音效積木點擊「中 C」的欄位後，會顯示出鍵盤。點擊鍵盤即可邊確認音效邊改變設定。可以設定高、中、低共三個八度的音域。

----

1 選擇「新專案」，將「當 P0 腳被按下」積木拖曳到程式設計區。然後，請將「P0」改為「P1」。

使用積木 輸入→
當 P0 腳被按下

2 在步驟 1 的積木連接上「演奏 音階 中 C 1 拍」積木共 6 個，在最後連接「暫停（ms）」積木。

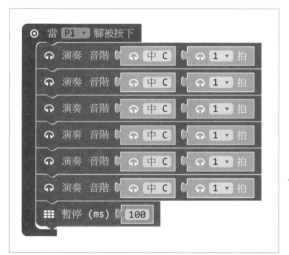

使用積木 音效→
演奏
音階 中 C
1 拍

使用積木 基本→
暫停（ms）

以複製&貼上的方式來進行即可

🧪 科學小單元

為什麼觸碰到蘋果會發出音效？

像鐵、銅等能讓電流通過的物體便稱為「導體」。人體與蘋果都是導體，透過組織所含的水分，即使電流很微量也會流通。用雙手觸碰蘋果時，連接蘋果的 micro:bit 與人體會形成迴路，流通的電流則可讓 micro:bit 的程式運作，而播放旋律。水分較多時，電流更容易流動，因此本範例將蘋果削皮，以直接觸碰水分較多的果肉。使用蘋果以外的水果，也可以有同樣的效果喔！

4
用模組製作作品

3 將6個「演奏 音階 中 C 1 拍」積木與「暫停（ms）」積木這個積木群組複製貼上3次，並依照下述排列（第3個群組要多1個「演奏 音階 中 C 1 拍」積木）。請將各積木的「中 C」與「1拍」的欄位依照以下所示變更，便完成了。

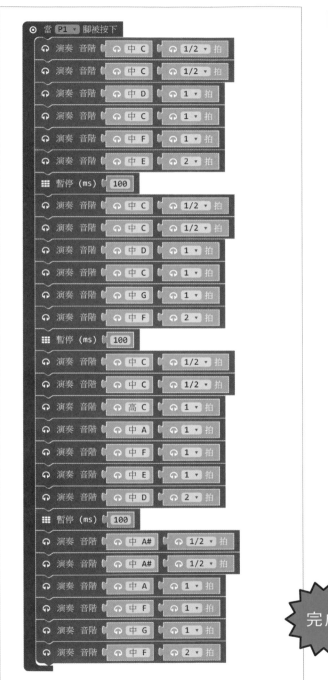

使用積木 音效→
演奏 音階 中 C 1 拍

使用積木 基本→暫停（ms）

完成

點擊腳位 P1，便會播放出「生日快樂」的曲子。

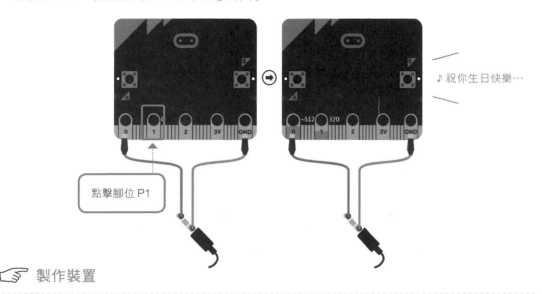

♪ 祝你生日快樂…

點擊腳位 P1

☞ 製作裝置

製作會發出音效的蘋果裝置吧！

● 要準備的物品

已寫入程式的 micro:bit（寫入的方式請參照第 29 頁）、4 號乾電池 3 顆、電池模組、喇叭模組、鱷魚夾線 2 條、迴紋針 2 支、蘋果 2 個、十字螺絲起子

〈六角長型螺帽（長）5 個、六角長型螺帽（短）5 個、固定螺絲 5 支、螺母 5 個、配線用電線 2 條〉

※〈 〉內的螺絲類、電線等，是喇叭模組套件的附屬品。

1　將已裝好 3 顆 4 號乾電池的電池模組與喇叭模組連接到 micro:bit 上（連接方式請參照第 111 頁）。再將電池模組的配線用電線 1 條插到喇叭模組上。

micro:bit　電池模組

喇叭模組

2 將其中 1 條鱷魚夾線連接到腳位 GND，另 1 條連接到腳位 P1。

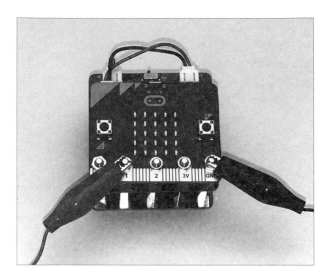

3 依照片所示將迴紋針拉直，用連接 到 micro:bit 的 2 條鱷魚夾線的另 一端夾住。

4 削掉部分蘋果的皮。接下來將 2 支 迴紋針的前端各自插到蘋果上。

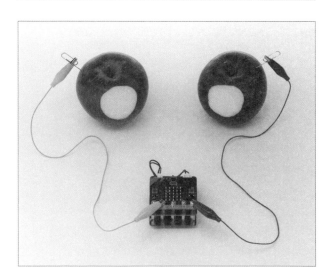

將電池模組的開關切到 ON。
兩手同時觸碰蘋果皮被削掉的部
分時，便會播放「生日快樂」的
曲子。

用程式來播放其他的旋律看
看。另外，我們還可以連接各種
不同的水果進行嘗試。

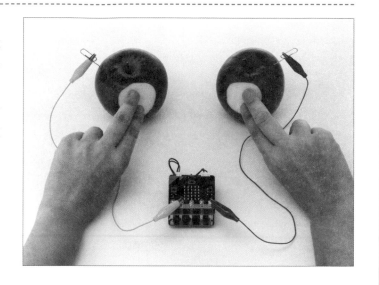

✏️➡ 程 式 設 計 軟 體 精 通 秘 技

讓我們來播放各式各樣的旋律吧

我們只需要使用「音效」→「播放旋律」積木，
就可以從事先準備好的各種旋律當中選擇，輕鬆
播放旋律。

(4-3) 使用模組 LED 模組 製作紅綠燈

使用 LED 模組製作一個會隨時間或動作而變換燈號的裝置。

[我們可以辦到的事]

讓 LED 模組依照綠→黃→紅的順序來點亮

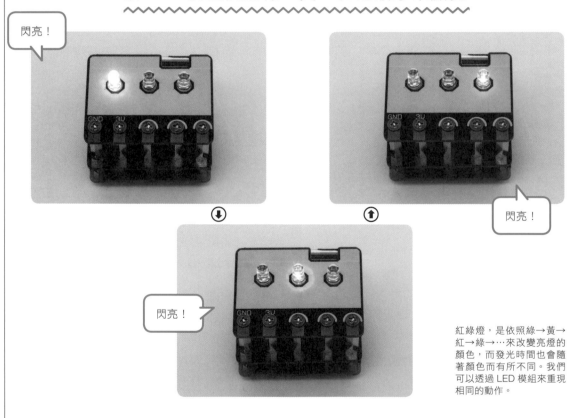

閃亮！

閃亮！

閃亮！

紅綠燈，是依照綠→黃→紅→綠→…來改變亮燈的顏色，而發光時間也會隨著顏色而有所不同。我們可以透過 LED 模組來重現相同的動作。

☞ 要如何才能辦到呢？

將程式寫入 micro:bit，並搭配模組來製作裝置。

① 以程式來指定按下 A 鍵時，要如何讓 LED 模組發光。

② 將 micro:bit 連接電池模組與 LED 模組。

☞ 程式的最終形態

要將訊號傳送到 LED 模組時，會使用到「數位信號寫入」積木。綠色的 LED 是連接腳位 P2、黃色的 LED 是連接到腳位 P1、紅色的 LED 是連接到腳位 P0，讓我們以毫秒來指定各自的點亮時間長度。

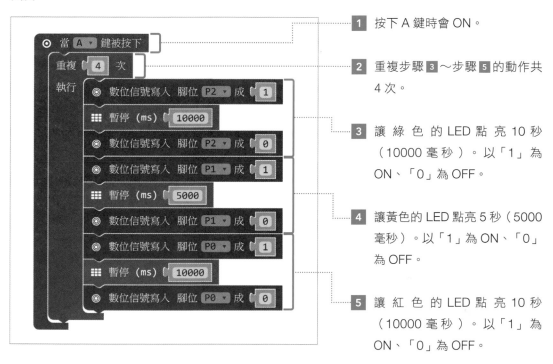

1 按下 A 鍵時會 ON。

2 重複步驟 **3**～步驟 **5** 的動作共 4 次。

3 讓綠色的 LED 點亮 10 秒（10000 毫秒）。以「1」為 ON、「0」為 OFF。

4 讓黃色的 LED 點亮 5 秒（5000 毫秒）。以「1」為 ON、「0」為 OFF。

5 讓紅色的 LED 點亮 10 秒（10000 毫秒）。以「1」為 ON、「0」為 OFF。

☞ 程式設計

1 選擇「新專案」，將「當 A 鍵被按下」積木拖曳到程式設計區。然後，請連接上「重複」積木。

使用積木 輸入→當 A 鍵被按下

使用積木 迴圈→重複

2 連接「數位信號寫入 腳位 P0 成 0」積木，將腳位由「P0」改為「P2」，將值由「0」改為「1」。
接下來連接「暫停（ms）」積木，並將「100」改為「10000」。

使用積木 進階積木→腳位→
數位信號寫入 腳位 P0 成 0

使用積木 基本→暫停（ms）

3 將「數位信號寫入 腳位 P0 成 0」積木連接到步驟 **2** 的積木，將腳位由「P0」改為「P2」（值
維持「0」）。

使用積木 進階積木→腳位→
數位信號寫入 腳位 P0 成 0

4 將步驟 **2** 與步驟 **3** 所連接好的 3 個積木群組，在下方複製 2 次後連接起來。然後，將第 2 個
的積木群組的腳位由「P2」改為「P1」，再將「暫停（ms）」的數字改為 5000。再來，將第
3 個群組的腳位由「P2」改為「P0」之後，便完成了。

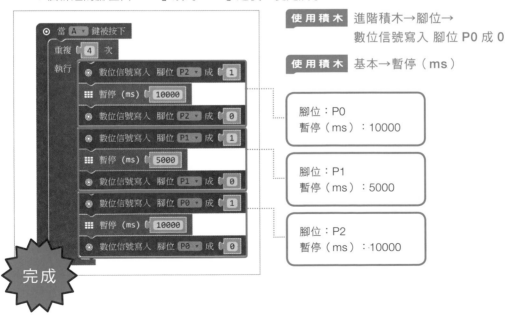

使用積木 進階積木→腳位→
數位信號寫入 腳位 P0 成 0

使用積木 基本→暫停（ms）

腳位：P0
暫停（ms）：10000

腳位：P1
暫停（ms）：5000

腳位：P2
暫停（ms）：10000

點擊 A 鍵之後，便會開始運作（步驟 **1**）。雖然在模擬器上無法確認 LED 模組的狀態，然而被連接的腳位會依序變成紅色。一開始腳位 P2（綠色的 LED）的部位會點亮 10 秒（步驟 **2**），接著是腳位 P1（黃色的 LED）的部位會點亮 5 秒（步驟 **3**），最後則是腳位 P0（紅色的 LED）的部位會點亮 10 秒（步驟 **4**）。這個動作會在重複 4 次後結束。

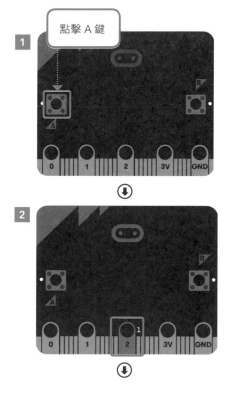

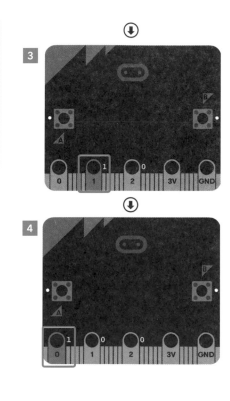

☞ 製作裝置

　讓我們連接 LED 模組，來製作紅綠燈吧！

● 要準備的物品

已寫入程式的 micro:bit（寫入的方式請參照第 29 頁）、4 號乾電池 3 顆、電池模組、LED 模組、十字螺絲起子

〈六角長型螺帽（長）5 個、六角長型螺帽（短）5 個、固定螺絲 5 支、螺母 5 個、配線用電線 1 條〉

※〈〉內的螺絲類、電線，是 LED 模組套件的附屬品。

1 將已裝好 3 顆 4 號乾電池的電池模組以配線用電線連接到 micro:bit。

2 將 micro:bit 與電池模組以螺母及六角長型螺帽（短）來固定。接著，將電池模組與 LED 模組，以六角長型螺帽（長）及固定螺絲來固定。

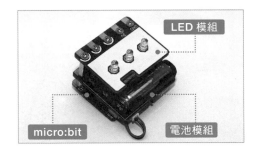

LED 模組
micro:bit
電池模組

☞ 在 micro:bit 上實測

　首先，請將電池模組的開關切到 ON。按下 A 鍵後，便會依照綠→黃→紅→綠…，按照程式設定的時間依序點亮 LED。我們也可以用瓦楞紙等，製作成紅綠燈的形狀再加以組合。

　想想看，使用 LED 模組還可以製作出哪些其他的作品呢？我們還可以嘗試藉由開關或感測器，來變換點亮的燈色，或是改變點亮後持續的時間等。

綠色的 LED 會點亮 10 秒，然後關掉。

➡

黃色的 LED 會點亮 5 秒，然後關掉。

➡

紅色的 LED 會點亮 10 秒，然後關掉。這會重複 4 次。

(4-4)

使用模組 伺服馬達模組
製作毛毛蟲玩具

製作一個可用伺服馬達來控制動作的玩具。

[我們可以辦到的事]

使用伺服馬達，讓玩具前進

讓我們來製作一個藉由身體的伸展、收縮來前進的毛毛蟲玩具。
重點是要讓伺服馬達能夠順利地運作。

☞ 要如何才能辦到呢？

將程式寫入 micro:bit，並搭配模組來製作裝置。

① 以程式來指定當按下 A 鍵時，要如何讓伺服馬達動作。
② 將 micro:bit 與電池模組、伺服馬達模組相連接。
③ 手工製作玩具的身體。
④ 將②組裝到③上，並調整動作。

4
用模組製作作品

什麼是伺服馬達？

這是一種可讓機械自動運作的裝置。伺服馬達裡面具備馬達與控制裝置，可以改變旋轉速度、指定旋轉角度、控制轉矩（施加於旋轉中物體的力量），來讓機械運作。伺服馬達是一種用來控制動作的重要裝置，廣泛應用在各式各樣的機械上，特別是機器人的關節部分。

☞ 程式的最終形態

要將訊號傳送到伺服模組，需要使用「伺服寫入 腳位 P0 至 180」這個積木。由連接到腳位 P0 的伺服馬達，來指定伺服機片（連接在內藏馬達軸上的零件，請參照第 129 頁）旋轉的角度，讓玩具動作。

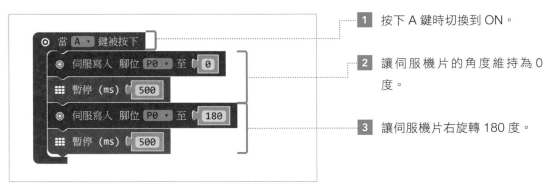

1 按下 A 鍵時切換到 ON。

2 讓伺服機片的角度維持為 0 度。

3 讓伺服機片右旋轉 180 度。

☞ 程式設計

1 選擇「新專案」，「當 A 鍵被按下」積木拖曳到程式設計區。

使用積木 輸入→當 A 鍵被按下

2 連接「伺服寫入 腳位 P0 至 180」積木，並將角度由「180」改為「0」。接著，連接「暫停（ms）」積木，並將「100」改為「500」。

使用積木 進階積木→腳位→
伺服寫入 腳位 P0 至 180

使用積木 基本→暫停（ms）

3 複製並連接步驟 **2** 的兩個積木。再將「伺服寫入 腳位 P0 至 180」積木的角度由「0」改為「180」之後，便完成了。

使用積木 進階積木→腳位→
伺服寫入 腳位 P0 至 180

使用積木 基本→暫停（ms）

完成

☞ 以模擬器確認

模擬器上將會出現伺服馬達。點擊 A 鍵之後，伺服機片會在靜止 0.5 秒之後，右旋轉 180 度後停止 0.5 秒。

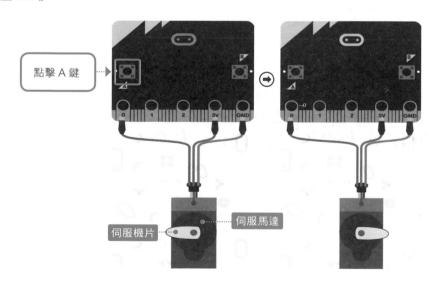

☞ 製作裝置

利用身邊容易取得的材料來製作毛毛蟲玩具的身體,並將零件安裝起來吧!

● 要準備的物品

已寫入程式的 micro:bit(寫入的方式請參照第 29 頁)、4 號乾電池 3 顆、電池模組、伺服馬達模組、瓦楞紙、PE 膠帶、剪刀或美工刀、迴紋針 1 支、雙面膠帶或透明膠帶、十字螺絲起子

〈六角長型螺帽(長)5 個、六角長型螺帽(短)5 個、伺服馬達、伺服機片、固定螺絲 5 根、小螺絲 1 根、螺母 5 個、配線用電線 2 條〉

※〈〉內的螺絲類、電線等,是伺服馬達模組套件的附屬品。

1　將瓦楞紙裁切成 30×7cm,並依照片所示來劃線作記號。

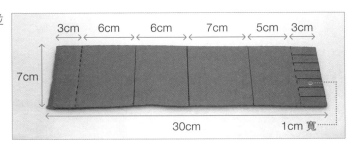

2　中央線做山摺。左端距離 3cm 的線做谷摺,左端二個邊角斜斜地山摺。裁切右端間隔寬 1cm 的線。為了要減少摩擦讓動作更順暢,將中間 3 塊做谷摺。之後便會變成如照片所示的形狀。

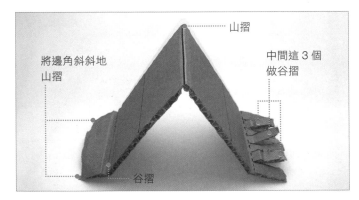

3　將 micro:bit 與已裝好 3 顆 4 號乾電池的電池模組以配線用電線相連接。將 micro:bit 與電池模組,以螺母及六角長型螺帽(短)來固定。接著將電池模組與伺服馬達模組,以六角長型螺帽(長)及固定螺絲來固定,並以配線用電線來連接。

4 以小螺絲，來固定伺服馬達軸上的齒輪
與伺服機片。

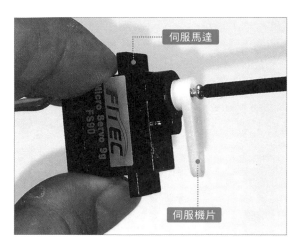

伺服馬達

伺服機片

5 如照片所示，將迴紋針拉開，用尾端穿
入伺服機片上的孔之後彎起尾端。

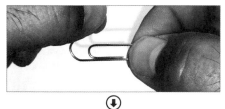

⬇

➡

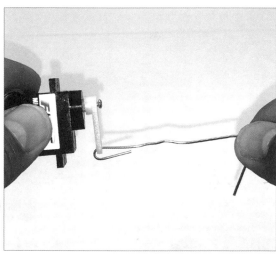

6 如照片所示，將伺服馬達對齊劃好的
線，再以雙面膠帶或透明膠帶固定在瓦
楞紙上。將穿進伺服機片孔的迴紋針的
另一端，插到另外一側的瓦楞紙。

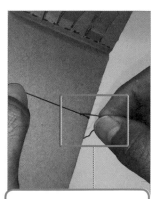

如果很難插入時，可用圖
釘的尖端先打個導孔，再
穿過去。

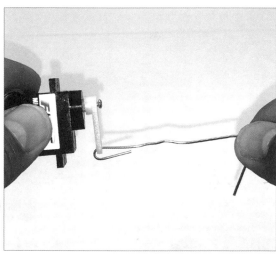

4

用模組製作作品

7 如照片所示，將伺服馬達的電線連接到
伺服馬達模組的插座，便完成了。

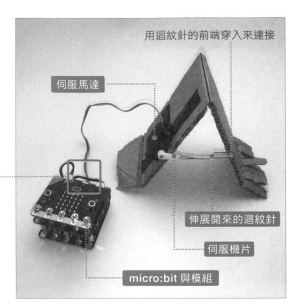

用迴紋針的前端穿入來連接

伺服馬達

伸展開來的迴紋針

伺服機片

micro:bit 與模組

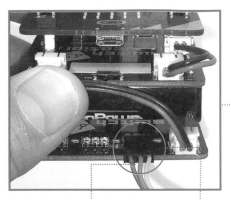

請將褐色電線安置到這個位置
插到配線用電線旁邊的插座

☞ 在 micro:bit 上實測

　　首先，將電池模組的開關切到 ON。按下 A 鍵後，伺服馬達便會運轉，使瓦楞紙山摺頂點的角度
變小、變大，整體開始動作。

　　目前這個程式只會讓動作進行 1 次而已，我們可以使用「重複」積木讓這個動作不斷重複，這個
玩具便會如毛毛蟲般不斷地前進。各位不妨多方嘗試看看。

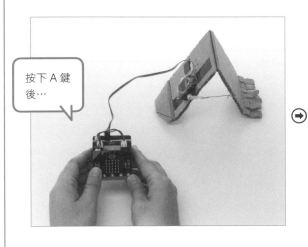

按下 A 鍵
後⋯

伺服馬達便會運轉而內縮

POINT

　　比起光滑的表面，在地毯等摩擦力較大的場
所會更容易前進。

130

(4-5) 使用模組 旋轉式伺服馬達模組 製作程式車

使用旋轉式伺服馬達,製作一輛可按照程式來動作的車子。

[我們可以辦到的事]

使用旋轉式伺服馬達,讓車子前後左右移動

使用旋轉式伺服馬達模組套件(旋轉式伺服馬達之外,還會附上輪胎、附屬零件、螺絲類等)來製作車子。藉由程式,我們還可以控制車輪的旋轉,讓車子行走事前指定好的路徑。

☞ 要如何才能辦到呢?

將程式寫入 micro:bit,並搭配模組來製作裝置。

① 以程式來指定車子移動方式(車輪的旋轉速度與旋轉方向)。
② 將 **micro:bit** 與電池模組、旋轉式伺服馬達模組相連接。
③ 將輪胎安裝到旋轉式伺服馬達模組的軸上。
④ 安裝可讓車體穩定的檔塊。
⑤ 讓車子實際移動,調整車子的動作。

要將訊號傳送到旋轉式伺服馬達模組，需要使用「伺服寫入 腳位 P0 至 180」積木。指定兩個車輪的動作，由各自連接到腳位 P0 與腳位 P1 的旋轉式伺服馬達來控制，以便讓車子移動。

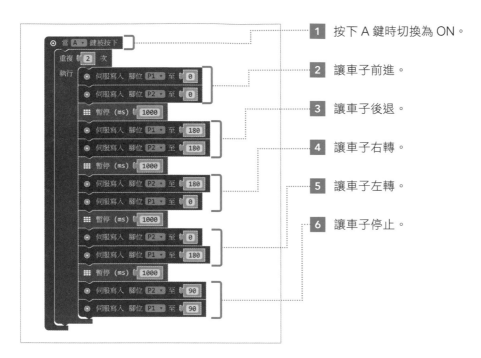

1　按下 A 鍵時切換為 ON。

2　讓車子前進。

3　讓車子後退。

4　讓車子右轉。

5　讓車子左轉。

6　讓車子停止。

🧪 科 學 小 單 元

伺服馬達與旋轉式伺服馬達的不同之處

伺服馬達一般都是可以控制角度的。而旋轉式伺服馬達是一種具備可連續旋轉機構的特殊伺服馬達。代替角度控制，可以控制旋轉速度及旋轉方向、旋轉時間等。相當適合使用在想要讓物體旋轉的運轉上，如：輪胎。

☞ 程式設計

----

1 選擇「新專案」，並將「當 A 鍵被按下」積木拖曳到程式設計區。接著，連接上「重複」積木，並將「4」改為「2」。

> **使用積木** 輸入→當 A 鍵被按下

> **使用積木** 迴圈→重複

2 將「伺服寫入 腳位 P0 至 180」積木與步驟 **1** 的積木連接。請將腳位由「P0」改為「P1」，將角度由「180」改為「0」。

> **使用積木** 進階積木→腳位→伺服寫入 腳位 P0 至 180

3 複製並連接步驟 **2** 的「伺服寫入 腳位 P0 至 180」積木，並將腳位由「P1」改為「P2」（角度維持「0」）。

> **使用積木** 進階積木→腳位→伺服寫入 腳位 P0 至 180

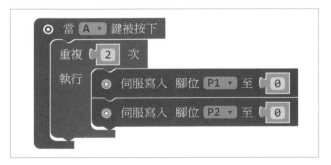

4 連接「暫停（ms）」積木，並將「100」改為「1000」。

使用積木 基本→暫停（ms）

5 複製步驟 **2** 到步驟 **4** 所連接的 3 個積木，在底下貼上 3 次並連接。然後再連接上兩個「伺服
寫入 腳位 P0 至 180」積木，並將腳位與角度的設定依照下述變更之後，便完成了。

使用積木 進階積木→腳位→伺服寫入 腳位 P0 至 180

使用積木 基本→暫停（ms）

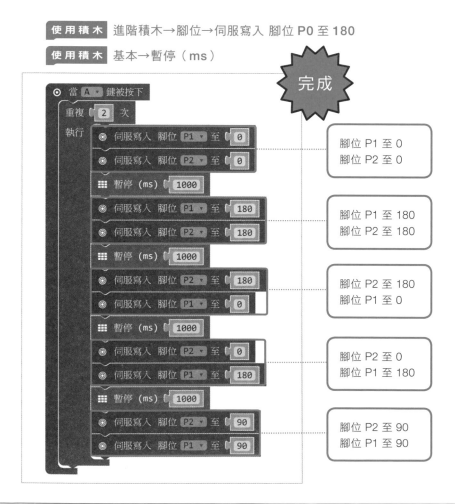

點擊 A 鍵（步驟 **1**）。腳位 P1 的伺服馬達、腳位 P2 的伺服馬達會切換為 ON，會維持相同角度 1 秒（步驟 **2**）。接著，腳位 P1 的伺服馬達、腳位 P2 的伺服馬達會一起向右旋轉 180 度，維持同樣角度 1 秒（步驟 **3**）。然後，只有腳位 P1 的伺服馬達向左旋轉 180 度，維持同樣角度 1 秒（步驟 **4**）。接下來腳位 P1 的伺服馬達會向右旋轉 180 度、腳位 P2 的伺服馬達會向左旋轉 180 度，維持同樣角度 1 秒（步驟 **5**）。最後，腳位 P1 的伺服馬達會向左、腳位 P2 的伺服馬達會向右旋轉，各自停在角度 90 度的位置（步驟 **6**）。以上，從步驟 **2** ～步驟 **6** 的動作會重複 2 次之後停止。

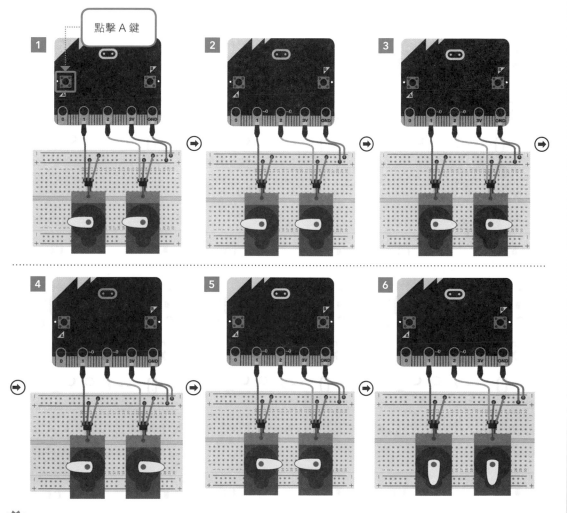

點擊 A 鍵

注意

就積木來說，使用的是與之前用來控制伺服馬達時相同的積木。因此，模擬出來的動作，會與旋轉式伺服馬達的伺服機片的動作有所不同。

4

用模組製作作品

來組裝程式車吧！

● **要準備的物品**

已寫入程式的 micro:bit（寫入的方式請參照第 29 頁）、4 號乾電池 3 顆、電池模組、旋轉式伺服馬達模組

〈六角長型螺帽（長）5 個、六角長型螺帽（短）5 個、固定螺絲 5 支、螺母 5 個、輪胎固定用螺絲 2 支、配線用電線 2 條、旋轉式伺服馬達 2 個、輪胎 2 個、檔塊〉

※〈 〉內的螺絲類、電線、輪胎等，是旋轉式伺服馬達模組套件的附屬品。

1　將已裝好 3 顆 4 號乾電池的電池模組、旋轉式伺服馬達模組，與 micro:bit 相連接（連接方式請參照第 111 頁）。將電池模組的配線用電線插到旋轉式伺服馬達模組。

※ 旋轉式伺服馬達模組，是將基板與 2 個旋轉式伺服馬達，以雙面膠帶黏著所製作出來的。詳細內容請參閱旋轉式伺服馬達模組套件所附屬的說明書。

2　請注意插入的方向。將旋轉式伺服馬達的配線用電線，插入旋轉式伺服馬達模組的插座裡（褐色電線請依照片上的位置來插入）。

褐色電線朝向右側來插入。

3　以輪胎固定用螺絲，將輪胎安裝到馬達的軸上的齒輪。請注意輪胎的正反面（反面為內側，正面為外側）。

正

反

凹陷處

4 如右側照片所示，安裝附屬的擋塊。

擋塊

☞ 在 micro:bit 上實測

　　請將電池模組的開關切換為 ON。按下 A 鍵後，首先會前進，之後會後退。前進、後退之後，會向右轉，接下來會向左轉，然後停止。這一連串的動作會在重複 2 次之後結束動作。

　　移動的方式，會隨著要讓哪個腳位、以多少的時間、朝哪個方向旋轉而有所不同。各位可以在程式方面下一些功夫，挑戰各種移動的方式。

4

用模組製作作品

故障排除：無法開啟模組的電源時

● 請確認 micro:bit 與模組的連接狀態。

- 請確認用來連接的六角長型螺帽、螺絲、螺母等是否有鎖緊。如果發現有沒鎖緊的地方，請將它鎖緊。

- 請確認配線用電線是否有依照定的方式連接。如果發現有接錯的地方，請按照指定的方式重新連接一次。

- 請確認一下配線用電線是否斷了。如果發現斷了，請更換新的配線用電線。

● 乾電池如果放太久，請更換新的乾電池。

● 如果有使用電池模組，請確認一下電池模組的開關是否有切到 ON。不切到 ON 的話，其他的模組也會沒有電源可用。詳細內容請參照第 110 頁。

● 連接伺服馬達模組或旋轉式伺服馬達模組時（或是將 LED 燈帶的配線用電線連接到 LED 燈帶模組時），請確認配線用電線連接的方向是否正確。至於正確的方向，請參照各模組的說明頁面、模組套件所附上的說明書。

※ 各位在確認上述內容之後，仍還是無法順利啟動電源時，請存取下述網址，來查看是否有刊載最新的解決方式。
https://switch-education.com

5

透過 micro:bit 來學習

本章將會介紹到適用於監護人或投身教育的人們,如何使用 micro:bit 來對孩子們實施 STEM 教育的實踐案例。對於要如何來協助孩子們在學校或家庭中的學習,我們將藉由具體案例來進行解說。希望各位可以透過 micro:bit,接觸到 21 世紀的新型教育方式。

最適合 STEM 教育的 micro:bit

對於孩子們的 STEM 教育而言，micro:bit 是一個非常適切的微電腦板。並具備有「單純且淺顯易懂」、「具有任何人都可簡單上手的操作性」、「易於進行程式設計的 IDE（整合開發環境）」等眾多特性，背後並帶有英國電腦教育史上的歷程。接下來，讓我們來介紹 STEM 教育與 micro:bit 誕生的背景。

STEM 教育與電腦

STEM 教育的 STEM[※]，取自「Science（科學）」、「Technology（技術）」、「Engineering（工程）」、「Mathematics（數學）」英文的第一個字母所組成。雖然有著各式各樣的定義，但皆是基於以下理念：「透過這四個領域，拓展各學科學習到的知識並加以整合（Integration），最終應用在問題解決上」。其重點在於整合。為了達到這個目的，電腦是非常有幫助的工具，這就是資訊工程會這樣受到重視的原由。

另外，對 STEM 教育而言，最有效率且最有效果的方式，莫過於「透過動手製作來培育主動學習者」的方法。在這個前提下，電腦成為一種不可或缺的好工具。藉由程式設計，孩子們需要自行操作電腦來操控資訊本身，有時還需要透過網路社群自行取得未知的資訊，這些對於主動學習（Active Learning）具有相當大的助益。若要學習這些過程，最好的方式無非就是透過親自動手製作。

動手製作物品時，為了要讓它可以動起來，需要備齊材料、進行組裝、利用程式來控制動作，必須要在各種嘗試與錯誤之中找尋出最佳的答案。這可以引導孩子們自發且主動地進行學習，並善用各種知識來解決問題。因此，動手製作可說是最適合 STEM 教育的方式了。

※ 還有一種 STEAM，是 STEM 再加上「Art（藝術）」的 A。

micro:bit 的誕生背景

　　micro:bit 的正式名稱為「BBC micro:bit」。BBC（British Broadcasting Corporation，英國廣播公司）是世界上最早進行電視廣播的公司。起初是由英國政府所提案而建立的廣播機關，而 BBC 新聞也以極高可信度的報導而馳名世界，迄今仍在製作教育節目，以這樣背景來看，BBC 對於教育事業也投注了相當大的心力。

　　英國是搶先各國實施電腦教育的國家，所開發的單板電腦「Raspberry Pi（樹莓派）」也相當有名。Raspberry Pi 作為教育用電腦主機板，具備了擴充性、價格親民等優點，短時間內便風行於高中和大學之間，甚至普及至企業的開發負責人或電子作業的愛好者。由此看來，英國可視為是教育與電子基板的先驅。

　　BBC 開始著手開發可用於教育現場的電子基板，可追溯至 Raspberry Pi 問世的 30 多年前。1981 年，BBC 為了即將到來的電腦普及時代，委託名為「艾康電腦」的公司進行開發教育用途電腦，由此誕生的是「BBC Micro」，可視為是現今 micro:bit 的前身。micro:bit 與 1980 年代的 BBC Micro 有著相同的作用與目的，皆是為了成為教材而開發的，為了因應接下來 IoT 時代的製造產業，以淺顯易懂的方式來教育孩子們。

1981 年 BBC 所開發的教育用電腦「BBC Micro」。

英國的電腦教育

　　歷經 1990 到 2000 年代，伴隨著個人電腦的普及，世界各國也開始推行教導電腦使用方式的教育課程。2014 年，英國為了取代 ICT 教育，而將程式設計訂定為必修科目，隨之誕生的就是名為「Computing」的課程。

　　這是從當時的「學習將電腦作為工具來使用的方式」，試圖轉換到「學習資訊工程這門學問的教育」的結果。目的在於藉由學習電腦的原理及數位系統的運作機制，將這些知識透過程式設計加以應用來表現自我，將自己的構思以有形的方式呈現出來。

　　然後在 2016 年，「BBC micro:bit」免費提供給英國 100 萬名 7 年級學生（相當於 11 歲的學童）。

對家庭、對學校而言都是相當容易上手的程式設計軟體

本書使用的 micro:bit 程式設計軟體（JavaScript 積木編輯器），是由微軟公司所開發，不論是在家庭或學校，都可發揮其以下優點。

● 所有的開發環境皆在網頁瀏覽器上運作，不需要進行軟體安裝，減低了初學者的學習門檻。只要準備好可連線到網路的個人電腦，馬上就能開始著手進行程式設計。

● 特別下了功夫讓個人電腦即使遭遇網路斷線軟體也不會停止運作 ※。如此一來，就算我們身處網路不穩定的環境而遭遇斷線時，也可繼續設計程式不會中斷。

● 可以因應學習者的熟習程度，階段性地切換至直接以文字編寫的程式語言（JavaScript）。

此外，還有其他可用於 micro:bit 的程式設計軟體。我們能使用名為「Micro Python」的「Python 編輯器」來編寫程式，這也是一種以文字敘述為基礎的程式語言。

※ 輸出 ARM Cortex-M0 處理器使用的二進位碼編譯器，是以 JavaScript 來描述的。另外，使用者編寫的程式，是被儲存在瀏覽器的儲存區域。藉由這些機制，程式設計軟體的網站只要一經顯示，就會留存在瀏覽器的快取裡面，就算不與網際網路連線，程式設計軟體仍然可供我們使用。

以 Micro Python 來編寫程式的 Python 編輯器畫面。

從下一頁開始，將會介紹使用 micro:bit 的 STEM 教育實踐案例。

(5-2) STEM 教育的實踐案例

這一節將以 **1** 個實例來介紹 micro:bit 如何對孩子們的學習產生助益。

[　　課題　　]

以 micro:bit 來調查植物的成長與光線之間的關係

● 範例背景故事

小學 5 年級的 A 君，在學校學習到「植物的成長必須要有光線」。看到母親在窗旁種植的蘿蔔苗被夕陽的紅光照射著，於是想要進行調查究竟是哪種顏色的光對植物最好呢？由此發想出，藉由改變照射水耕栽培蘿蔔苗的光線顏色來做實驗。

1　思考應該做些什麼？

目的在明確地訂定之後，第一步就是要開始思考如何才能達成目的。A 君的思考內容如下。

● A 君的 Thinking

我想知道的是，「光的顏色對於植物的培養有什麼影響」這件事。因此，發芽後會需要以不同於日光顏色的光線來照射一定的時間。經過調查，得知市面上有賣可以發出各種顏色的光，如膠帶狀的 LED。就用這個搭配 micro:bit 進行程式設計，來試著改變光的顏色及點亮的時間吧。

像是「不施以肥料，只用水來培育」、「在相同的場所培育（氣溫及濕度相同）」、「照射到光的時間長度也要相同」等條件，也就是除了光的顏色之外，其他的條件都要相同。另外，種子的個體差異多少會產生影響，所以應該將最終所培養的豆苗，量測 5 株左右的長度再求平均值來作為實驗所得結果。

思考一下，為了實驗，我們要讓 micro:bit 執行什麼動作。對這個實驗而言，即為以指定好顏色的光線，在指定的時間內、相同時刻進行照射，以此來控制 LED 燈帶。像這樣的「作業步驟」，以資訊工程的用語來說，即為「演算法」。這是一個在學習程式設計時常常會看到的名詞，舉例來說，烹飪料理時所想到的食譜，也可說是一種演算法。在思考演算法時，最為重要的莫過於「目的明確」、「掌握現狀」、「確認想要的結果」這三項。

A 君的想法如下。

● **目的**→調查會對植物的成長帶來影響的光線顏色。
● **現狀**→可對 LED 燈帶的 ON ／ OFF 時間與光的顏色進行控制。
● **結果**→在 1 天當中，以 LED 燈帶在指定的時間內按照指定顏色的光線進行照射。

演算法明確之後，就依照它來進行程式設計吧！程式的編寫方式很自由。不過，盡可能製作出有效率的程式、不增加電腦的負荷，會是防止 BUG（程式中的錯誤）的重點。A 君，是這麼想的。

● **A 君的程式設計**
為了讓開始時間明確，就讓按下按鍵作為開始。1 天之中讓光線照射 3 小時吧。由於裝置只有 1 組，首先就以藍光照射 3 天看看。如果程式運作順利，再準備新發芽的蘿蔔苗的種子，接著以紅光照射 3 天看看。

☞ 程式的最終形態

為了要能將訊號傳送到 LED 燈帶模組，需使用「數位信號寫入」這個積木。從腳位 P0 來指定 ON ／ OFF 的時間。

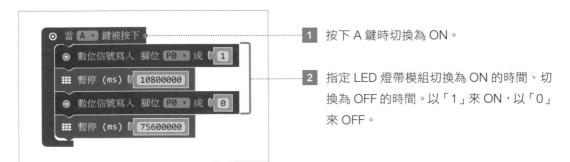

1 按下 A 鍵時切換為 ON。

2 指定 LED 燈帶模組切換為 ON 的時間、切換為 OFF 的時間。以「1」來 ON，以「0」來 OFF。

☞ 程式設計

　　為了要讓開始的時間明確，會使用到按鍵開關。配合想要點亮的 LED 燈帶的顏色來指定腳位，並指定其發光時間，以及關燈後間隔多久才會再次點亮。

1　選擇「新專案」，「當 A 鍵被按下」積木拖曳到
　　程式設計區。

　　使用積木 基本→當 A 鍵被按下

2　請連接「數位信號寫入 腳位 P0 成 0」積木，
　　並將值「0」改為「1」。接著連接「暫停（ms）」
　　積木，並將「100」改為「10800000」。

　　使用積木 進階積木→腳位→
　　　　　　　　數位信號寫入 腳位 P0 成 0

　　使用積木 基本→暫停（ms）

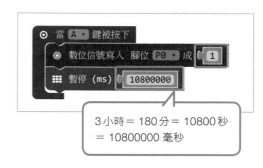

3小時＝ 180分＝ 10800 秒
＝ 10800000 毫秒

3　複製步驟 2 連接好的積木，並將「數位信號寫
　　入 腳位 P0 成 0」積木的值「1」改為「0」，
　　再將「暫停（ms）」積木的「10800000」改
　　為「75600000」之後，便完成了。

　　使用積木 進階積木→腳位→
　　　　　　　　數位信號寫入 腳位 P0 成 0

　　使用積木 基本→暫停（ms）

完成

1 日有 24 小時，扣掉被
LED 照射的 3 小時為 21 小
時＝ 1260 分＝ 75600 秒＝
75600000 毫秒

以模擬來説 3 小時太久了，讓我們變更為 10 秒來進行模擬。將程式第一個「暫停（ms）」的數字由「10800000」改為「10000」。

LED 燈帶模組的狀態雖然無法透過模擬器來確認到，不過連接的腳位會點亮變成紅色。點擊 A 鍵之後，腳位 P0 會點亮變紅，旁邊會顯示數字的「1」（即代表腳位 P0 正處於 ON 的狀態）。經過 10 秒後，腳位 P0 的紅色便會消失，數字也會由「1」回復為「0」（即代表腳位 P0 處於 OFF 的狀態）。

確認完畢後，再將程式第一個「暫停（ms）」的數字，由「10000」回復為「10800000」，來將程式寫入 micro:bit（寫入的方式請參照第 29 頁）。

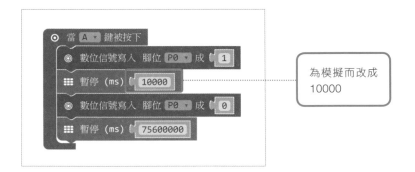

為模擬而改成 10000

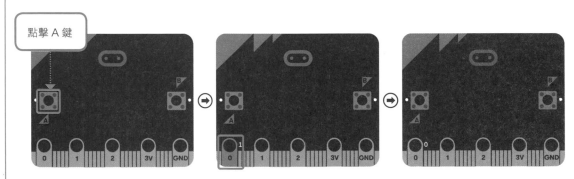

點擊 A 鍵

3 製作實驗裝置

　　思考實驗所需的具體裝置為何，然後製作出來。為了遮蔽掉其他的光線，A 君決定要製作暗箱，並將 LED 燈帶設置於暗箱內。

☞ 製作暗箱

我們來組裝培育蘿蔔苗所需要的暗箱。

● 要準備的物品

已寫入程式的 micro:bit（寫入的方式請參照第 29
頁）、LED 燈帶模組、紙箱（約長 20cm × 寬
30cm × 高 13cm 左右的箱子）、黑色圖畫紙、美
工刀（或剪刀）、尺、雙面膠帶、黑色 PE 膠帶、
塑膠杯、棉花、紙盤、圖釘、蘿蔔苗種子、十字螺
絲起子

〈LED 燈帶、USB 電源模組、六角長型螺帽（長）
5 個、六角長型螺帽（短）5 個、固定螺絲 5 支、
螺母 5 個、配線用電線 2 條〉

※〈 〉內的螺絲類、電線等，是 LED 燈帶模組套件的附屬品。

1 將黑色圖畫紙依照紙箱內側（共 5 面。除了頂
部那面以外）尺寸進行裁切（共會有 5 張）。
接著，將裁切好的紙張以雙面膠帶黏貼 5～6
處。

> 裁切成比實際尺寸稍
> 微小一些的話，會比
> 較容易黏貼至內側

2 紙箱內側頂部與底部之外的 4 個面，黏貼上步
驟 **1** 裁切好的黑色圖畫紙。無法貼滿的間隙，
或是光線容易漏進來的邊角部分，請貼上黑色
PE 膠帶，確保光線不會滲透進來。

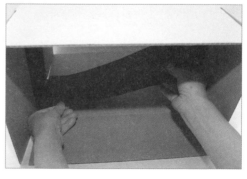

3　組裝紙箱，並從外側以黑色膠帶來封住底部。

4　請在底部的內側（將箱子蓋上時會變成頂部的
那個面），黏貼上步驟 1 裁切的紙張。

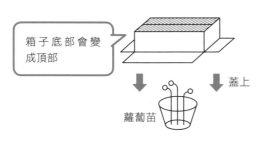

箱子底部會變成頂部

蘿蔔苗　　　蓋上

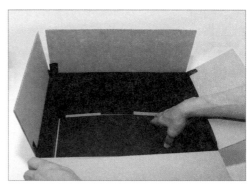

5　如照片所示，將 LED 燈帶沿著箱子蓋上去之
後會變成頂部的那個面的四周來鋪設，並以透
明膠帶來固定。

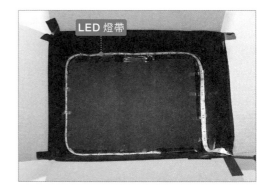

LED 燈帶

6　至於 LED 燈帶的電線末端的部分，請在紙箱
上切個缺口，從這裡來拉到外面去。

7 將 LED 燈帶模組套件所附的配線用電線插到 micro:bit 上。下方以螺母、六角長型螺帽（短）、固定螺絲，來連接 LED 燈帶模組。

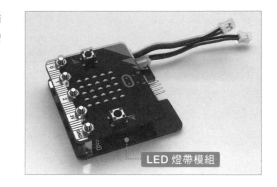

LED 燈帶模組

8 以配線用電線來將 micro:bit 與 USB 電源模組、LED 燈帶模組相連接。配線用電線不論連接到 USB 電源模組左或右任一接頭都可以。

USB 電源模組

9 以 USB 電纜連接 USB 電源模組與個人電腦。

USB 電纜

10 請將 LED 燈帶連接到 LED 燈帶模組的銜接腳位上。

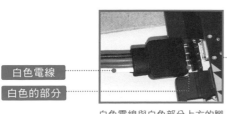

白色電線
白色的部分

白色電線與白色部分上方的腳位才是正確的連接方向，以這方向來連接。

如果覺得 LED 燈帶模組容易鬆脫的話，請以透明膠帶等予以補強。

☞ 準備已經發芽的蘿蔔苗

在放進暗箱之前，我們要先讓蘿蔔種子發芽成為蘿蔔苗，以作為實驗的樣本。

1 將蘿蔔種子約 60 顆，放在浸泡於水中的棉花約 2 天左右，讓它們發芽。

2 選出發芽狀態相當的種子約 20 顆，放置到別的棉花上，注意不要彼此重疊。共要準備 2 組同樣條件的種子。

3 準備 2 個塑膠杯，以圖釘的尖端各自在底部打排水用的孔。

4 在 2 個塑膠杯內鋪設 3 片左右的棉花，將步驟 **2** 放置有發芽種子的棉花放到最上方。

☞ 實驗的方法

將暗箱蓋在裝有發芽蘿蔔苗的塑膠杯上面，開始進行實驗。1 天之中會將暗箱移開 1 次。移除暗箱時，要進行下述 4 項作業。

另外，為了進行比較，我們也要準備一些在暗箱的外面培育的蘿蔔苗。

1 仔細觀察蘿蔔苗，量測長得最高的前 5 株並計算平均值。

2 將步驟 **1** 的值記錄在筆記本上，並且拍攝照片留存。

3 澆水（讓棉花溼潤即可）。

4 按下 micro:bit 的 A 鍵來啟動程式。

4　重複嘗試

Tinkering 是英文，具有「修修補補」的意思。進行實驗遇到不順利的時候，便需要對程式或裝置進行「修補」。我們可以重新審視程式進行修正，試著變更指定的數字、調整步驟、重複執行或暫停等。嘗試錯誤法是程式設計的基本，裝置設計也同樣要下點功夫來調整。

● A 君的 Tinkering

實驗進行 3 天之後，比較在暗箱中照射藍光培育的蘿蔔苗，以及在暗箱外面以室內自然光來培育的蘿蔔苗。在暗箱中培育的蘿蔔苗，比在暗箱外面培育的蘿蔔苗，長得還要高，不過莖很細。在猶豫是否要維持現狀繼續實驗時，想到「如果把照射光線的時間拉長一點會怎麼樣？」，因而決定更換一批新的種子，並修改一下程式。

● A 君的程式設計

按下 A 鍵便開始動作。照射 3 小時的藍光後，接下來的 3 小時關燈，將這樣的動作視為 1 組（共 6 小時），然後重複 4 次。6 小時 ×4 次＝ 24 小時，剛好是 1 天的長度。

過了 3 天之後，再來觀察暗箱裡面與外面培育方式所產生的差異（右邊為暗箱外面培育的蘿蔔苗。左邊為暗箱裡面培育的蘿蔔苗）。

在之前製作的程式上連接「重複」積木，並指示其重複 4 次。將第 2 積木「暫停（ms）」的數字由「75600000」改為「10800000」。

使用積木 迴圈→重複

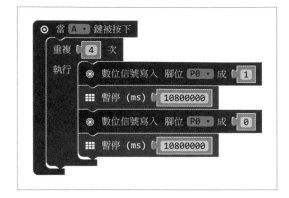

☞ 假設與驗證

透過實驗或程式設計來進行嘗試錯誤法時，重要的是需在事前建立假設。建立假設時，可透過書本或網路進行調查，再根據自己查到的內容進行構思。只要有所依據，在導出結果時便可以得知自己的想法或問題解法是否正確，或是可於事後進行驗證哪裡有錯誤。

● A 君對於光的顏色所建立的假設

稍微想一想，相較晴天與陰天，晴天讓人感覺比較溫暖，似乎植物也比較容易成長。另外，相較紅光與藍光，紅光讓人感覺比較溫暖。那麼，對於植物的成長而言，紅光會不會比藍光更有效呢？接著，我們以同樣的程式試著用紅光照射看看吧！

👉 實驗結果

　　以嘗試錯誤法進行 3 天的實驗之後，A 君導出下述結論。

● 將發育最好的 5 株取出計算平均值，可得以藍光培育的蘿蔔苗約為 101mm，以紅光培育的蘿蔔苗約為 116mm，以室內自然光培育的蘿蔔苗約為 106mm。

● 仔細觀察，可發現以藍光培育的蘿蔔苗，比以紅光培育的蘿蔔苗長度較短，不過莖稍微粗了一些，葉子的綠色也較深。

● 以室內自然光培育的蘿蔔苗，比以紅光培育的蘿蔔苗長度較短，不過莖較粗，葉子的綠色也較深。

● 如我們在實驗前所假設的，以紅光來培育的蘿蔔苗，會長得最高。

以藍光來培育 3 天後的蘿蔔苗。
5 株的平均值為約 101mm。

以紅光來培育 3 天後的蘿蔔苗。
5 株的平均值為約 116mm。

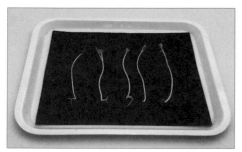

室內的自然光來培育 3 天後的蘿蔔苗。
5 株的平均值為約 106mm。

※ 以下的實驗結果，是根據我們在編輯部所進行的內容來製作的，以作為彙整方式的範例。
即便是進行相同的實驗，也會受到天候或其他條件的影響，而使得結果有所不同。

光線與植物的成長的研究

> 取一個可以讓大家知道內容的標題

● 起因？

看到夕陽的紅光照射在培養於窗邊的蘿蔔苗上，這與平常照在蘿蔔苗上的光線不太一樣，進而想到「這說不定會影響到蘿蔔苗的成長」，所以想要調查看看。

> 寫上研究的起因或經調查所得知的事情等

> 將使用到的材料及調查方式等，詳盡撰寫於此。訣竅是依照順序來撰寫

● 實驗的方法

在暗箱裡面貼上 LED 燈帶，在暗箱中放置有發芽蘿蔔種子的塑膠杯進行水耕栽培。以 micro:bit 來變更 LED 的燈光顏色及照射時間的長度。並比較藍光、紅光、室內自然光這三種類型。

實驗裝置。將蘿蔔苗放入貼有 LED 燈帶的暗箱。LED 的燈光是以 micro:bit 來控制的。

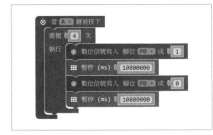

所使用的程式。在照射藍光 3 小時之後，關燈 3 小時。1 天重複 4 次。使用紅光時，是變更腳位 P1 來控制的。

● 預測

對植物來說，越是接近自然的方式應該越為理想，所以室內的自然光應該是最能促進成長的吧？以藍光與紅光來說，應該是能讓人感到溫暖的紅光會培育得比較好吧？

> 寫上實驗開始之前，根據自己的想法所預測的結果

請將實驗的成果在大家面前發表吧！可以透過圖像來發表，也可以彙整成報告來發表，可自行決定方法。下述範例僅供參考。要怎麼樣才能將實驗的成果與大家分享，各位也可以構思自己的方式來製作呈現。

> 附上照片或插圖會比較容易了解。也可以附上各項說明，或添加表格、圖表等。如果有參考用的資料等也備註一下吧

● 實驗的結果

實施 3 天實驗之後，所得結果如下。照射紅光的蘿蔔苗成長最快，第 2 則是室內的自然光，第 3 則是藍光。

藍光

紅光

室內的自然光

5 株的平均值為約 101mm

5 株的平均值為約 116mm

5 株的平均值為約 106mm

> 這裡不填寫個人的意見，僅敘述藉由實驗所得知的事情。如果跟所預測的不同，也將這部分做些描述

● 得知的事實

我們可以得知，發芽的蘿蔔苗，以紅光照射的成長得最好，接下來是室內自然光，最後是藍光。紅光與藍光相較之下，紅光的長得較好，這與實驗前的預測是相同的。

● 感想

在暗處以光線照射在植物上，植物似乎看起來會很漂亮。未來還想以綠色的光來嘗試。對於蘿蔔苗以外的植物來說，會產生什麼樣的結果，這也讓人躍躍欲試。

> 將經由研究所產生的感想、有趣的事情或反省點、下一步想要嘗試的內容寫在這裡

(5-3) 彙整 何謂 STEM 教育取向？

Science ⸺⸺⸺科學
Technology ⸺⸺技術
Engineering ⸺⸺工程
Mathematics ⸺數學

　　本章介紹了一個可將 micro:bit 活用於 STEM 教育之中的具體事例。「植物的成長是否會因為光線影響而有所不同」這個 A 君的課題，是藉由使用 LED 燈帶進行實驗，所找出的一種解決方式。

　　A 君的課題是「植物的成長與光線有著什麼樣的關係」這種與科學相關的課題。目的是透過實驗來達到確認，不過，在這之間卻與生物、電腦、程式設計、電子（LED），也就是 STEM 領域中的複數現象有所相關。像這樣將橫跨 4 個領域的現象予以整合（Integration）來解決問題的方式，即為 STEM 教育取向之一。

　　具有同等重要性的，尚有「透過自己動手製作來學習」這樣的取向。如我們所列舉的例子，在這之中如 Thinking、Programming、Making、Tinkering 這些作業都是必要的，在這些項目之中重要的都是由自己主動執行。比起答案的正確性，更重要的則為是否由自己主動獲取答案這點。

　　那麼，對於 STEM 教育，監護人與教師又扮演著什麼樣的角色呢？答案即為「成為導師」。所謂的導師，並非教授答案的人，而是引導我們去尋找答案的人。因此，對於導師而言最重要的事，並非將答案作為知識來傳授，而是對想要學習的人提出問題，並給予他們思考方向的提示。

　　各位在藉由本書學習到 micro:bit 的基礎之後，請務必要對孩子們提出各式各樣的問題。然後發現孩子們開始在試著靠自己解決問題時，請馬上將本書與 micro:bit 拿給他們吧！孩子們藉由自己解決問題所獲得的經驗，想必會促成莫大的成長才是。過程中，以 micro:bit 作為教材也一定具備相當的價值。

附 錄

積木參照

此為 micro:bit 的程式設計軟體能使用的積木一覽清單，包含本書中未使用到的進階積木，如果各位有興趣的話，不妨找精於此道的專家詢問看看。

積木形狀	功能
在開始時	被放入這裡面的內容，會在啟動程式後一開始僅被執行一次。
■ 重複無限次	被放入這裡面的內容，會在程式執行時一直重複地被執行。
■ 顯示 指示燈	在 LED 畫面上顯示以此積木所指定的圖案。
■ 顯示 數字 (0	在 LED 畫面上顯示數值。數值若為 2 位數以上的數字，會以橫向捲動來顯示整體。
■ 顯示 文字 " Hello! "	在 LED 畫面上顯示字串。字串若為 2 個字元以上時，會以橫向捲動來顯示整體。
■ 暫停 (ms) (100	在此積木指定的時間內，什麼都不做。而當前的程式會維持執行的狀態。時間請以毫秒的數值來進行指定。毫秒即為 1 秒的 1/1000，1000 毫秒即為 1 秒。
■ 顯示 圖示	在 LED 畫面上顯示圖示。圖示可從愛心符號等 40 個種類中選擇。 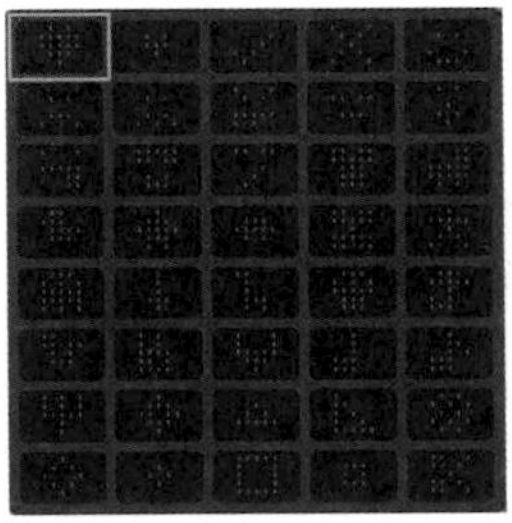

	將 LED 畫面上所有的 LED 關掉。
 顯示 箭頭 北	在 LED 畫面上顯示箭頭。箭頭有上下左右與斜向總共 8 個方向可供選擇。

◉ 輸入積木

積木形狀	功能
 當 A 鍵被按下	被放入這裡面的內容,會在按下按鍵開關時被執行。要按下哪個按鍵開關來予以執行,可由「A」、「B」、「A + B」共 3 個種類中選擇。「A + B」代表同時按下按鍵開關 A 與 B。
 當 搖動	被放入這裡面的內容,會在當 micro:bit 本身被施加物理移動時執行。物理移動的類別,可由「搖動」、「logo 較高」、「logo 較低」、「屏幕朝上」、「屏幕朝下」、「向左傾斜」、「向右傾斜」、「自由掉落」、「3G」、「6G」、「8G」共 11 個種類當中選擇。G 是指重力加速度。以 3G 為例,即意味施加重力加速度 3 倍的強度(加速度)。
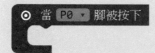 當 P0 腳被按下	被放入這裡面的內容,會在觸碰到 micro:bit 微電腦板上的寬腳位被執行。觸碰到哪個腳位會被執行,可由「P0」、「P1」、「P2」這 3 個種類當中選擇。在觸碰之前,需要用另外一隻手去觸摸腳位 GND。對此積木而言,「觸碰」的含意為用手觸摸後再將手抽離。
 當 A 鍵被按下?	調查按鍵開關是否有被按下,並回傳真偽值。要調查哪個按鍵開關,可由「A」、「B」、「A + B」這 3 個種類當中選擇。「A + B」代表同時按下按鍵開關 A 與 B。

⊙ P0 ▾ 腳被按下？	調查 micro:bit 微電腦板上的寬腳位是否有被觸碰，並回傳真偽值。要調查哪個腳位，可由「P0」、「P1」、「P2」這 3 個種類當中選擇。在觸碰之前，需要用另外一隻手去觸摸腳位 GND。對此積木而言，「觸碰」的含意為用手觸摸。這點與「當 P0 腳被按下」積木有所不同，還請注意。
⊙ 加速度感應值（mg） X ▾	調查施加於 micro:bit 微電腦板的加速度，並回傳以毫 G 為單位的數值。加速度具有 3 個軸向，要調查哪一個，可選擇「X」、「Y」、「Z」、「強度」。X，為由 LED 畫面向著 B 按鍵的方向。Y，為由 LED 畫面向著 micro:bit 機器人 logo 的方向。Z，為正面看著 LED 畫面，向著自己的方向。強度與方向無關，用以顯示加速度的大小。 毫 G 所代表的即為重力加速度的 1/1000。然而，對 micro:bit 來說，正確地是以重力加速度的 1/1023 來視為毫 G。 在地球上，物體掉落的方向上一直會施加有 1G 的重力加速度。因此，假設 micro:bit 是處於水平地安置於桌上的狀態，將會顯示 X 與 Y 為 0，Z 為 -1023，強度為 1023 這個值。
⊙ 光線感應值	調查周圍的亮度，並回傳 0 ～ 255 範圍內的數值。用以調查亮度的，即為 LED 畫面。在這裡所使用到的亮度，並非科學上正確的單位。而是按照一般觀感將最暗的情況定為 0，最亮的情況定為 255。
⊙ 方位感應值（°）	調查 micro:bit 微電腦板所面向的方位，並回傳由北向右旋轉所測得角度的數值。將 micro:bit 水平放在桌上，再將 micro:bit 的機器人 logo 朝向磁北時會顯示為 0°。由此將機器人 logo 所朝的方向往右旋轉，正好面向東方時會顯示為 90°，朝向南方時會顯示為 180°，朝向西方時會顯示為 270°。再繼續旋轉回到磁北的時候，會由 359° 變成 0°（參照第 58 頁）。
⊙ 溫度感應值（℃）	調查周圍的溫度，並回傳攝氏（℃）的數值。正確來說，這是在調查搭載於 micro:bit 微電腦板上的微電腦晶片內的溫度。因此，可觀察到所顯示出的溫度會稍微比周圍溫度高一點的趨勢。

`⊙ 旋轉感應值 (°) pitch ▾`	調查 micro:bit 微電腦板在物理上的傾斜程度，並回傳角度的數值。調查的方向，可從「pitch」與「roll」這 2 個種類當中選擇。將 micro:bit 微電腦板水平地放置在桌上的狀態為標準。由此狀態向著自己翻過來的時候 pitch 會顯示正的值，往反向翻時 pitch 則會顯示負的值。往右（按鍵開關 B 的方向）翻時 roll 會顯示正的值，往左（按鍵開關 A 的方向）翻時 roll 會顯示負的值。
`⊙ 磁力感應值 (µT) X ▾`	調查施加於 micro:bit 微電腦板上的磁力，並回傳 µT（微特斯拉）單位的數值。調查的值，可由「X」、「Y」、「Z」、「強度」中選擇，這部分與加速度的積木是相同的。由於地球上具有地磁，所以就算不靠近磁鐵，也會被施加某種程度的磁力。這個功能無法在模擬器上運作。
`⊙ 電子羅盤校準`	micro:bit 使用到的磁力感測器，在使用了一段時間之後，準確度都會往下掉。透過操作電子羅盤校準（指南針）進行調整，可回復準確度。
`⊙ 運行時間 (ms)`	程式持續運作的時間，就是用來調查自從開啟 micro:bit 微電腦板的電源後，或是自從按下重置按鍵後的運作時間，並以毫秒為單位來回傳數值。
`⊙ on pin P0 ▾ released`	被放入這裡面的內容，將會在 micro:bit 微電腦板上的寬腳位解除觸碰時被執行。要在哪個腳位解除觸碰狀態時執行，可由「P0」、「P1」、「P2」這 3 個選項中選擇。在觸碰之前，需要用另外一隻手去觸摸腳位 GND。這個積木與「當 P0 腳被按下」積木，會進行幾乎相同的動作。
`⊙ 設定加速度值 範圍 1g ▾`	設定加速感測器所量測值的範圍。設定的範圍可選擇「1G」、「2G」、「4G」、「8G」。

積木形狀	功能
	發出音效。可以指定想要發出音效的音階與長度。音效的音階，可指定頻率的數值，或是點擊「中 C」的欄位，由鍵盤圖示中選擇（參照 114 頁）。音效的音長，可指定毫秒單位的數值或是拍數。1 拍的速度，可以「演奏速度設為（bpm）」積木來指定。由於 micro:bit 並未搭載喇叭，實際演奏時，需要將喇叭或耳機連接到腳位 P0 與腳位 GND。
	發出音效。可以指定發出音效的音階。在演奏其他的音效之前，會持續發出這個音效。關於音效的音階、音效的發出方式，是與「演奏 音階 中 C 1 拍」積木相同的。
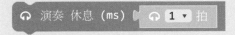	演奏休息，也就是讓演奏在不發出音效的狀態維持一小段時間。不發出音效的時間，請以毫秒單位的數值或拍數予以指定。1 拍的速度，是與「演奏音階 中 C 1 拍」積木相同的。
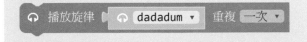	發出旋律。在不等待旋律結束的狀態下，執行下一個積木。旋律可由 20 個種類中選擇。重複的方式，可由「一次」、「重複無限次」、「一次（背景）」、「無限次（背景）」這 4 個種類中選擇。「重複無限次」所代表的，即為旋律播放結束後馬上從頭開始播放。以「背景」方式來播放的旋律，在播放非背景的旋律這段期間會是停止的，非背景的旋律結束後則恢復播放。

被放入這裡面的內容，將於旋律有所變化時被執行。「有所變化」的部分，可從 10 個種類之中選擇。在這之中，「音階播放」，為發出旋律所包含的每個音效。「旋律開始」、「旋律結束」，即為各個旋律的曲子 1 曲開始後／結束後。「旋律重複」，即為旋律的曲子 1 曲結束後從頭開始重複播放。「背景旋律暫停」，即為非背景的旋律已播放了，而讓背景的旋律暫停。「背景旋律恢復」，即為由於非背景的旋律結束了，所以恢復背景的旋律。

將音符的音效音階，以頻率的數值回傳。關於音效的音階，是與「演奏 音階 中 C 1 拍」積木相同的。

將音符的音效長度，以毫秒單位的數值回傳。音符的音效長度，可由「1拍」、「1/2 拍」、「1/4 拍」、「1/8拍」、「1/16 拍」、「2 拍」、「4 拍」之中選擇。1 拍的速度，可藉由「演奏速度設為（bpm）」積木來指定。

將 1 拍的速度，以 1 分鐘的拍數數值回傳。

增減 1 分鐘的拍數。如果指定的數值是正值的話，1 分鐘的拍數會增加該數的量（會變快）。若為負值，會減少該數值的量（會變慢）。

設定 1 分鐘的拍數。

積木形狀	功能
○ 點亮 x [0] y [0]	在 5×5 個的 LED 畫面上,將以 x 與 y 座標所指定的 LED 點亮。x 座標是由最左端向右 0～4,y 座標是由最上端向下 0～4。若為 x=0、y=0,則顯示最左上方的 LED。
○ 不點亮 x [0] y [0]	在 5×5 個的 LED 畫面上,將以 x 與 y 座標所指定的 LED 關燈。座標設定與「點亮 x0 y0」積木相同。
○ 開關切換 x [0] y [0]	在 5×5 個的 LED 畫面上,對於以 x 與 y 座標所指定的 LED,若為關燈狀態則讓它點亮,若為點亮狀態則讓它關燈。座標設定與「點亮 x0 y0」積木相同。
○ 點的狀態 x [0] y [0]	在 5×5 個的 LED 畫面上,調查以 x 與 y 座標所指定的 LED 是否有被點亮,並回傳真偽值。若為點亮狀態則傳回真,若為關燈狀態則傳回偽。座標設定與「點亮 x0 y0」積木相同。
○ 點亮橫條圖 顯示值為 [0] 最大值為 [0]	在 5×5 個的 LED 畫面上顯示橫條圖。請在「顯示值為」填入想要顯示的值。請在「最大值為」,填入可在此畫面上顯示的最大的值。當「顯示值為」與「最大值為」相同,或是更大的值時,LED 畫面上的 LED 將全數點亮。
○ 繪製 x [0] y [0] 亮度 [255]	在 5×5 個的 LED 畫面上,將以 x 與 y 座標所指定的 LED,依照指定的亮度點亮。座標設定與「點亮 x0 y0」積木相同。亮度 255 時為最亮,0 則與關燈相同。
○ 亮度	調查以「亮度設為 255」積木所設定的畫面整體亮度後,將數值回傳。
○ 亮度設為 [255]	設定 5×5 個的 LED 畫面整體的亮度。當然,亮度會有變化的只有被點亮的 LED 而已,處於關燈狀態的 LED 會維持關燈的狀態。亮度在 255 時為最亮,0 則與關燈相同。此外,若有以「繪製 x0 y0 亮度 255」積木來指定亮度的 LED,就算只有 1 個,在這情況下此積木進行的亮度設定是無效的。

積木形狀	功能
	通常，在 LED 畫面上顯示比 1 個字元還要長的數字或文字時，會以橫向捲動方式來顯示整體，而這個積木，會讓捲動過程在中途停止。顯示數字或字串的積木，會在捲動結束之後再執行下個積木。因此，就算在顯示數字或字串的積木的後面放置「停止動畫」積木，也不會有什麼效果的。

LED 啟用 false ▾	將 5×5 個的 LED 畫面整體的顯示切換為 ON 或 OFF。指定的值若為真則會 ON，若為偽則會 OFF。就算是切換為 OFF，畫面的內容仍會被留下來，再次切換成 ON 之後，所顯示的內容就會被復原。與「亮度設為 255」積木相異的是，就算有以「繪製 x0 y0 亮度 255」積木來指定亮度的 LED，切換到 OFF 後，是可以再次切換到 ON 的。

廣播積木

積木形狀	功能
 廣播發送數字 0	將數值以無線的方式來發送。可發送到位於無線電波可達範圍內，且屬於相同編號群組的所有 micro:bit。
 廣播發送 值 "name" = 0	將關鍵字與數值的組合以無線的方式來發送。關鍵字，舉例來說可以像是「溫度」或「長度」等字彙。這在想要傳送各種資料的時候很有幫助。關鍵字請在「name」的欄位進行指定。可發送到位於無線電波可達範圍內，且屬於相同編號群組的所有 micro:bit。
 廣播發送文字 " "	將字串以無線的方式發送。可發送到位於無線電波可達範圍內，且屬於相同編號群組的所有 micro:bit。
 當收到廣播 receivedNumber	被放入這裡面的內容，當以無線的方式收到數值時會被執行。請在「receivedNumber」的欄位中，指定用以置入所接收資料的變數。以無線的方式接收的資料會置入這個變數，可讓放入此積木之中的積木來運用。

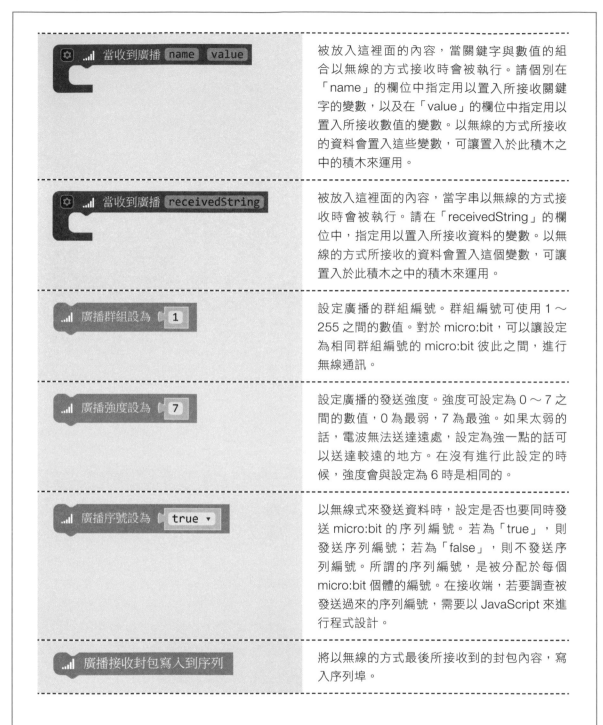

被放入這裡面的內容，當關鍵字與數值的組合以無線的方式接收時會被執行。請個別在「name」的欄位中指定用以置入所接收關鍵字的變數，以及在「value」的欄位中指定用以置入所接收數值的變數。以無線的方式所接收的資料會置入這些變數，可讓置入於此積木之中的積木來運用。

被放入這裡面的內容，當字串以無線的方式接收時會被執行。請在「receivedString」的欄位中，指定用以置入所接收資料的變數。以無線的方式所接收的資料會置入這個變數，可讓置入於此積木之中的積木來運用。

設定廣播的群組編號。群組編號可使用 1～255 之間的數值。對於 micro:bit，可以讓設定為相同群組編號的 micro:bit 彼此之間，進行無線通訊。

設定廣播的發送強度。強度可設定為 0～7 之間的數值，0 為最弱，7 為最強。如果太弱的話，電波無法送達遠處，設定為強一點的話可以送達較遠的地方。在沒有進行此設定的時候，強度會與設定為 6 時是相同的。

以無線式來發送資料時，設定是否也要同時發送 micro:bit 的序列編號。若為「true」，則發送序列編號；若為「false」，則不發送序列編號。所謂的序列編號，是被分配於每個 micro:bit 個體的編號。在接收端，若要調查被發送過來的序列編號，需要以 JavaScript 來進行程式設計。

將以無線的方式最後所接收到的封包內容，寫入序列埠。

積木形狀	功能
	將放入這裡面的內容，依照指定的次數來重複執行。
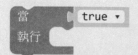	將放入這裡面的內容，只有在「true」的欄位實際為真時，會重複執行。請在「true」的欄位，放入條件判斷用積木來使用。
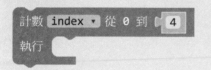	將變數的值，從 0 開始遞增 1 至結束的值為止，來重複執行被放入這裡面的內容。請在「index」的欄位，指定用置入這個以 1 來遞增的值的變數。請在「4」的欄位填入結束的值。如果結束值是負值的話，內容將不會被執行。舉例來說，當結束的值為 2 的話，變數的值會依序變成 0、1、2，共會重複 3 次。
	將被放入這裡面的內容重複執行。在執行的時候，將計數裡面的值從前面依序逐一讀取，並將這個值置入變數。請在「list」的欄位，指定用包含計數的變數作為對象。請在「value」的欄位，將由陣列讀取到所欲置入的變數的值來進行指定。

✕ 邏輯積木

積木形狀	功能
	只有在「true」欄位的值實際上為真時，才會執行被放入裡面的內容。請在「true」的欄位，放入條件判斷用積木來使用。點擊齒輪圖示即可添加「否則」或「否則如果」。

如果 true ▼ / 那麼 / 否則	若「true」欄位的值為真時，會執行最前面區塊的內容。若「true」欄位為偽時，會執行第 2 個區塊的內容。請在「true」的欄位，放入條件判斷用積木來使用。點擊齒輪圖示，即可添加「否則」或「否則如果」。
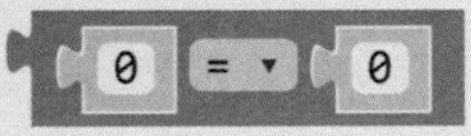 0 = ▼ 0	若左值等於右值時回傳 true，除此之外則回傳偽。左右的值，都必須是數值。點擊「＝」欄位，即可將判斷條件變更成「等於」以外的項目。
 0 < ▼ 0	左值比右值要小的時候回傳真，除此之外則回傳偽。左右的值，都必須是數值。點擊「＜」欄位，即可將判斷條件變更為「小於」以外的項目。
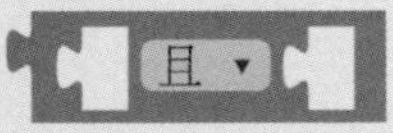 且 ▼	左右的值若皆為真的時候回傳真，除此之外則回傳偽。左右的值，都必須是真偽值。點擊「且」的欄位，可變更成「或」。
 或 ▼	左右的值若有一個為真的時候回傳真，除此之外則回傳偽。左右的值，都必須是真偽值。點擊「或」的欄位，即可變更成「且」。
 不成立	被提供的值若為真則回傳偽，若為偽則回傳真。所提供的值，必須是真偽值。
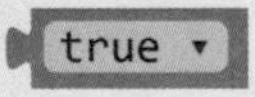 true ▼	回傳真偽值的真值。
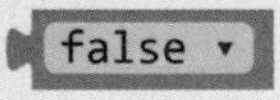 false ▼	回傳真偽值的偽值。

▤ 變數積木

積木形狀	功能
`item ▾`	傳回此變數的值。在點擊「item」的欄位之後，即可變更為可在此程式使用的其他變數。
`變數 item ▾ 設為 ⟨ 0`	將值放入變數。在點擊「item」欄位之後，即可變更為可在此程式使用的其他變數。請在「0」的欄位，填入想置入變數的值。這個值，不只可填入數值，還可以使用到字串、真偽值、陣列。
`變數 item ▾ 改變 ⟨ 1`	將變數的值，依照指定的數值來增加。在此變數之中，需要有數值存在。請在「1」的欄位，指定想要增加的數值。此值若為負值，變數的值則會減少。

▦ 數學積木

積木形狀	功能
`⟨ 0 ⟨ + ▾ ⟨ 0`	回傳左右的值相加之後的結果值。左右的值都必須是數值。點擊「+」的欄位，可變更計算方式。
`⟨ 0 ⟨ − ▾ ⟨ 0`	回傳左值減去右值之後的結果值。左右的值都必須是數值。點擊「－」的欄位，可變更計算的方式。
`⟨ 0 ⟨ × ▾ ⟨ 0`	回傳左右的值相乘之後的結果值。左右的值都必須是數值。點擊「×」的欄位，可變更計算的方式。
`⟨ 0 ⟨ ÷ ▾ ⟨ 0`	回傳左值除以右值之後的結果值。左右的值，都必須是數值。點擊「÷」的欄位，可變更計算的方式。
`⟨ 0`	回傳整數的數值。請在「0」的欄位，輸入想要使用的整數值。

積木形狀	功能
隨機取數 0 到 4	以隨機的方式從 0 到所指定的值之間選取其中一個整數來回傳。此範圍有包含兩端的數字。
隨機生成布林值	以隨機的方式選擇真或偽來傳回。
0 ÷ 1 的餘數	回傳將左值除以右值所得之餘數值。左右的值，都必須是數值。
0 和 0 之 最小值	比較左右的值，並回傳較小的值。
0 和 0 之 最大值	比較左右的值，並回傳較大的值。
0 的絕對值	所指定的值若為正值則回傳相同的值，若為負值則將負拿掉使其變成正的之後將值回傳。
字符集代碼中取字 0	調查所指定的字元碼所帶有的字元，並回傳該字串（1 個字元）。

∧ 進階積木→ ≣ 陣列

積木形狀	功能
創建陣列 0	由所指定的 1 個以上的值來構成陣列並傳回。值的欄位雖然顯示為「0」，但並不只限定整數、字串、真偽值，甚至連其他的陣列都可以放進去。點擊齒輪圖示，即可放入陣列的值的數量予以增減。
創建陣列 "" ""	由所指定的 1 個以上的值來構成陣列並傳回。值的欄位雖然顯示為 2 個「""」，但並不只限定整數、字串、真偽值，甚至連其他的陣列都可以放進去。點擊齒輪圖示，即可增減放入陣列的值的數量。

陣列 ┤ ├ 的項目數	回傳指定陣列內所包含的值的個數。
list ▾ 中取得索引 ┤ 0 ├ 的值	在陣列內包含的值當中,回傳指定位置的值。請在 list 的欄位,指定屬於陣列的值。至於位置是從前面 0、1、2…數過來時的第幾個,請以整數來指定。
list ▾ 中索引 ┤ 0 ├ 的值設為 ┤	將陣列中指定位置的值,變更為其他的值。請在 list 的欄位,指定屬於陣列的值。至於位置是從前面 0、1、2…數過來時的第幾個,請以整數來指定。
list ▾ 將 ┤ 這個值新增到結尾	在陣列的最後,增添新的值。陣列的長度,會增加 1。請在 list 的欄位,指定屬於陣列的值。
從 ┤ list ▾	在陣列內包含的值當中,將最後的值去除,並回傳該值。由於這個值會從陣列中被去掉,所以陣列的長度會減少 1。請在 list 的欄位,指定屬於陣列的值。
list ▾ 在 ┤ 0 ├ 插入值 ┤	在陣列內包含的值當中,將其他的值放入指定的位置。原本該位置所存有的值,以及它之後的值,全部都會往後順移。陣列的長度會增加 1。請在 list 的欄位,指定屬於陣列的值。至於位置,是從前面 0、1、2…數過來的時候的第幾個,請以整數來指定。
從 ┤ list ▾	在陣列內包含的值當中,去除最前面的值,並回傳該值。由於這個值會從陣列中被去掉,所以陣列的長度會減少 1。沒有被去除而留下來的值,全部會往前順移。請在 list 的欄位指定屬於陣列的值。
list ▾ 在開頭插入 ┤	在陣列的最前面增添新的值。陣列的長度會增加 1。被增添的值會變成第 0 個,原本存在的值,全部都會往後順移。請在 list 的欄位指定屬於陣列的值。

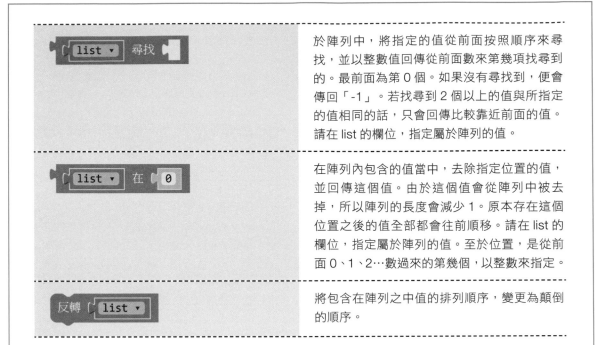

積木形狀	功能
list ▼ 尋找	於陣列中，將指定的值從前面按照順序來尋找，並以整數值回傳從前面數來第幾項找尋到的。最前面為第 0 個。如果沒有尋找到，便會傳回「-1」。若找尋到 2 個以上的值與所指定的值相同的話，只會回傳比較靠近前面的值。請在 list 的欄位，指定屬於陣列的值。
list ▼ 在 0	在陣列內包含的值當中，去除指定位置的值，並回傳這個值。由於這個值會從陣列中被去掉，所以陣列的長度會減少 1。原本存在這個位置之後的值全部都會往前順移。請在 list 的欄位，指定屬於陣列的值。至於位置，是從前面 0、1、2…數過來的第幾個，以整數來指定。
反轉 list ▼	將包含在陣列之中值的排列順序，變更為顛倒的順序。

▲ 進階積木→ I 文字

積木形狀	功能
" [ ] "	回傳指定內容的字串。
字串 " abc " 的長度	回傳指定字串的長度。
⚙ 字串組合 " [ ] " " [ ] "	串連 2 個以上的字串，並回傳組合好的新字串。點擊齒輪圖示，即可對想要串連起來的字串數量進行增減。
字串 " [ ] "	於指定字串中所包含的字元當中，調查指定位置上的字元並回傳。所指定字串的內容是不會改變的。至於位置，請將字串從前面 0、1、2…數來會是第幾個，以整數來進行指定。

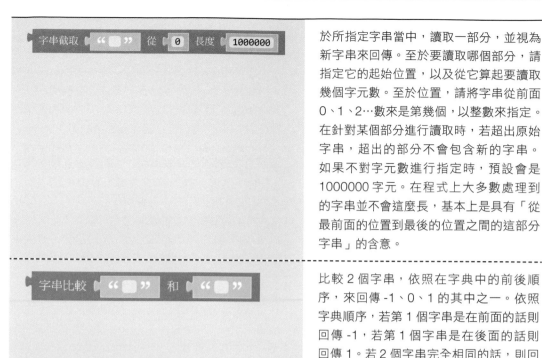

於所指定字串當中，讀取一部分，並視為新字串來回傳。至於要讀取哪個部分，請指定它的起始位置，以及從它算起要讀取幾個字元數。至於位置，請將字串從前面 0、1、2…數來是第幾個，以整數來指定。在針對某個部分進行讀取時，若超出原始字串，超出的部分不會包含新的字串。如果不對字元數進行指定時，預設會是 1000000 字元。在程式上大多數處理到的字串並不會這麼長，基本上是具有「從最前面的位置到最後的位置之間的這部分字串」的含意。

比較 2 個字串，依照在字典中的前後順序，來回傳 -1、0、1 的其中之一。依照字典順序，若第 1 個字串是在前面的話則回傳 -1，若第 1 個字串是在後面的話則回傳 1。若 2 個字串完全相同的話，則回傳 0。

如果在字串的內容中，有以數字來呈現數值的部分時，則讀取該數字並回傳。若字串的內容，並無以數字來呈現數值的部分時，則會回傳具有「並非數值」含意的「NaN（Not a Number）」這個值。

⌃ 進階積木→ 🎮 遊戲

積木形狀	功能

新增角色並回傳。請將此角色的初始位置以 X 軸、Y 軸各 0～4 範圍的值來進行指定。所謂角色，請各位想像成大小為 1 個 LED、可存在於 5×5 個的 LED 畫面的任何位置的生物。各個角色能以 45° 為方向單位來前進，能夠以程式下指示讓它們移動。於 LED 畫面上，可以同時處理複數個角色。一旦建立好角色，便會馬上顯示在 LED 畫面上。

刪除 item ▾	刪除指定的角色。這個角色會從 LED 畫面消失。請在「變數」的欄位,來指定角色。
item ▾ 移動 1	讓角色朝著目前的前進方向移動 1。移動後的結果如果超出 LED 畫面的範圍時,會回到 LED 畫面的範圍內。請在「變數」的欄位指定角色。
item ▾ 右 ▾ 轉 45 度	可將角色的前進方向改為向右或向左,並依照所指定的角度來改變。角色會具有前進方向,LED 畫面的上方為面向 0°,以 45° 為單位向右旋轉便會增加。點擊「右」的欄位,即可選擇右或左。雖然我們可以指定想要的角度數值,但是會被切成 45° 的整數倍。請在「變數」的欄位指定角色。
item ▾ 的 x ▾ 改變 1	將角色所帶有的狀態增加指定的值。若為負值,則只會減少該值。點擊「X」的欄位,即可從狀態當中的「X」、「Y」、「方向」、「亮度」、「閃爍」共 5 種類來選擇想要改變哪個的值。「X」與「Y」,即為 LED 畫面上位置的 X 軸與 Y 軸的值(0～4)。「方向」即為前進方向的角度。「亮度」即為這個角色的 LED 發光的亮度(0～255)。「閃爍」即為點亮或關燈的時間(ms)(若為 0,則一直點亮)。請在「變數」的欄位指定角色。
item ▾ 的 x ▾ 設為 0	將角色帶有的狀態,變更為指定的值。點擊「X」的欄位,即可從狀態當中的「X」、「Y」、「方向」、「亮度」、「閃爍」共 5 種類來選擇想要改變哪個的值。「X」與「Y」,即為 LED 畫面上位置的 X 軸與 Y 軸的值(0～4)。「方向」即為前進方向的角度。「亮度」即為這個角色的 LED 發光的亮度(0～255)。「閃爍」即為點亮或關燈的時間(ms)(若為 0,則一直點亮)。請在「變數」的欄位指定角色。
item ▾ x ▾	回傳角色帶有的狀態。點擊「X」的欄位,即可從狀態當中的「X」、「Y」、「方向」、「亮度」、「閃爍」共 5 種類來選擇想要改變哪個的值。請在「變數」的欄位指定角色。

`item▾ 碰到 ?`	調查 2 個角色是否位於相同位置，若相同則回傳真，若不相同則回傳偽。請在「變數」的欄位及其右邊可放入積木的位置，來指定角色。
`item▾ 碰到邊緣？`	調查角色是否位於 LED 畫面的邊緣，若在邊緣則回傳真，若不在邊緣則回傳偽。請在「變數」的欄位指定角色。
`item▾ 碰到邊緣就反彈`	角色位於 LED 畫面的邊緣，且前進方向是向著 LED 畫面外側的話，將前進方向改為相反的方向。將 LED 畫面的邊緣視作為牆壁，可讓角色就像碰到牆壁被彈回來的球一樣來移動。請在「變數」的欄位指定角色。
`得分改變 1`	將遊戲的分數增加指定的數值。另外，會稍微顯示一下動畫。若指定為負值，則分數就會減少。
`得分設為 0`	將遊戲的分數，變更成指定的數值。
`得分`	傳回現在的分數。
`倒數計時 (ms) 10000`	這個積木從執行開始，直到經過所指定的時間之後，便會自動結束遊戲。可用於需要在一定時間內來完成遊戲的時候。
`遊戲結束`	結束遊戲。停止程式的運作，在顯示動畫之後，接在「GAMEOVER」與「SCORE」後面會重複顯示分數。想要繼續執行程式時，需要按下重置按鍵。
`暫停`	暫停遊戲。在暫停這段期間之中，可讓 LED 畫面顯示其他的內容。
`繼續`	讓暫停的遊戲繼續執行。

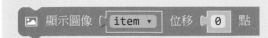
積木形狀	功能
	在 LED 畫面上顯示圖像。請在「變數」的欄位上指定圖像。在「0」的欄位，指定想要從圖像之中第幾列的右側來顯示。若為 0 則會由圖像的左端顯示到圖像的右側。
捲動圖像 item 位移 1 間隔（毫秒） 200	在 LED 畫面上，讓圖像以橫向捲動的方式顯示。請在「變數」的欄位上指定圖像。在「1」的欄位，指定一次想要捲動幾列。請在「200」的欄位，以隔毫秒為單位來指定顯示各畫面的間隔時間。
	這與 LED 畫面相同，建立 5×5 點大小的圖像並回傳。圖像也可被放入至變數裡面。
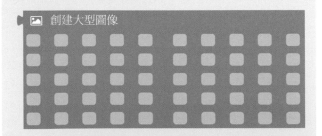	這與將 2 個 LED 畫面並排時相同，建立 10×5 點大小的圖像並回傳。圖像也可被放入變數裡面。
箭頭影像 北	建立箭頭的圖像並回傳。箭頭的圖像，包含斜向共有 8 個種類可供挑選。圖像也可被放入變數裡面。

🖼 圖示 ▦ ▾	建立圖示的圖像並回傳。圖示的圖像，共有 40 個種類可供挑選。圖像也可被放入到變數裡面。
🖼 北 ▾	回傳對應到該箭頭圖像的編號。箭頭的圖像，包含斜向共有 8 個種類可供挑選。至於編號，朝上為 0，每右旋轉一次會增加 1。

 進階積木→ ◉ 腳位

積木形狀	功能
◉ 數位信號讀取 腳位 P0 ▾	以數位方式讀取傳到腳位上的電壓，並以數值形式回傳 0 或 1。點擊「P0」的欄位，即可從 19 個種類之中來選擇腳位。
◉ 數位信號寫入 腳位 P0 ▾ 成 0	對於腳位，以數位方式輸出電壓。點擊「P0」的欄位，即可從 19 個種類之中來選擇腳位。請在「0」的欄位，以 0 或 1 的數值指定想要輸出的值。
◉ 類比信號讀取 腳位 P0 ▾	以類比的方式讀取傳到腳位上的電壓，並以數值形式回傳 0～1023。點擊「P0」欄位，可選擇「P0」、「P1」、「P2」、「P3」、「P4」、「P10」共 6 個種類的腳位。選項雖然顯示出共 19 個種類，但除了上述 6 個種類之外會無法運作。
◉ 類比信號寫入 腳位 P0 ▾ 成 1023	對於腳位，以類比方式來輸出電壓。點擊「P0」的欄位，即可從 19 個種類之中來選擇腳位。請在「1023」的欄位，將想要輸出的值以 0 ～ 1023 範圍內的數值來進行指定。
◉ 對應 0 / 從低 0 / 從高 1023 / 到低 0 / 到高 4	將數值，由某個範圍轉換成別的範圍並傳回（參照第 102 頁）。如果數值與在「從低」所指定的值是相同的話，則會變成在「到低」所指定的值。如果數值與在「從高」所指定的值是相同的話，則會變成在「到高」所指定的值。如果數值是落在「從低」與「從高」所指定的值之間的話，就會變成這之間的值。

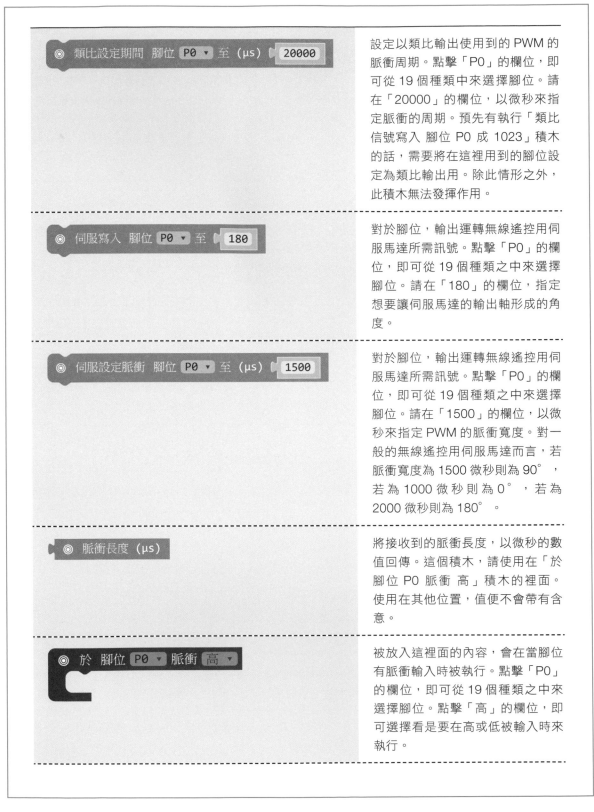

設定以類比輸出使用到的 PWM 的脈衝周期。點擊「P0」的欄位，即可從 19 個種類中來選擇腳位。請在「20000」的欄位，以微秒來指定脈衝的周期。預先有執行「類比信號寫入 腳位 P0 成 1023」積木的話，需要將在這裡用到的腳位設定為類比輸出用。除此情形之外，此積木無法發揮作用。

對於腳位，輸出運轉無線遙控用伺服馬達所需訊號。點擊「P0」的欄位，即可從 19 個種類之中來選擇腳位。請在「180」的欄位，指定想要讓伺服馬達的輸出軸形成的角度。

對於腳位，輸出運轉無線遙控用伺服馬達所需訊號。點擊「P0」的欄位，即可從 19 個種類之中來選擇腳位。請在「1500」的欄位，以微秒來指定 PWM 的脈衝寬度。對一般的無線遙控用伺服馬達而言，若脈衝寬度為 1500 微秒則為 90°，若為 1000 微秒則為 0°，若為 2000 微秒則為 180°。

將接收到的脈衝長度，以微秒的數值回傳。這個積木，請使用在「於腳位 P0 脈衝 高」積木的裡面。使用在其他位置，值便不會帶有含意。

被放入這裡面的內容，會在當腳位有脈衝輸入時被執行。點擊「P0」的欄位，即可從 19 個種類之中來選擇腳位。點擊「高」的欄位，即可選擇看是要在高或低被輸入時來執行。

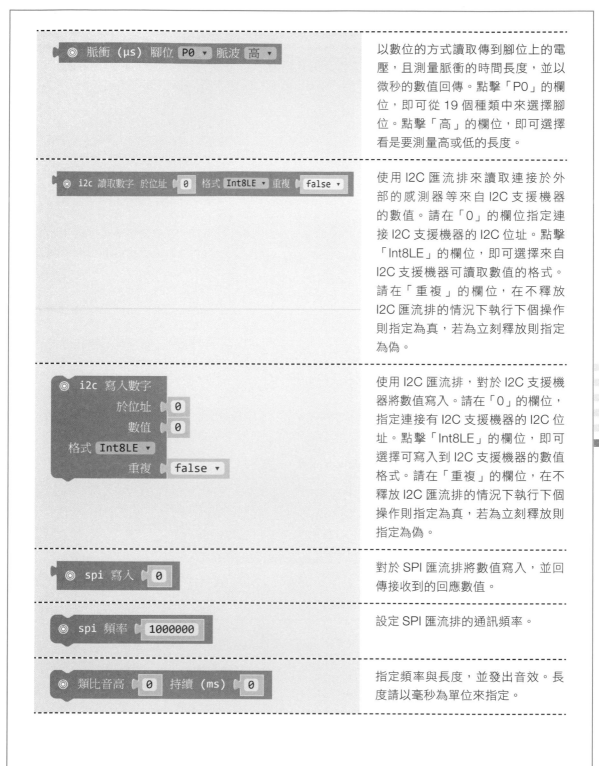

脈衝 (μs) 腳位 P0 脈波 高	以數位的方式讀取傳到腳位上的電壓，且測量脈衝的時間長度，並以微秒的數值回傳。點擊「P0」的欄位，即可從 19 個種類中來選擇腳位。點擊「高」的欄位，即可選擇看是要測量高或低的長度。
i2c 讀取數字 於位址 0 格式 Int8LE 重複 false	使用 I2C 匯流排來讀取連接於外部的感測器等來自 I2C 支援機器的數值。請在「0」的欄位指定連接 I2C 支援機器的 I2C 位址。點擊「Int8LE」的欄位，即可選擇來自 I2C 支援機器可讀取數值的格式。請在「重複」的欄位，在不釋放 I2C 匯流排的情況下執行下個操作則指定為真，若為立刻釋放則指定為偽。
i2c 寫入數字 於位址 0 數值 0 格式 Int8LE 重複 false	使用 I2C 匯流排，對於 I2C 支援機器將數值寫入。請在「0」的欄位，指定連接有 I2C 支援機器的 I2C 位址。點擊「Int8LE」的欄位，即可選擇可寫入到 I2C 支援機器的數值格式。請在「重複」的欄位，在不釋放 I2C 匯流排的情況下執行下個操作則指定為真，若為立刻釋放則指定為偽。
spi 寫入 0	對於 SPI 匯流排將數值寫入，並回傳接收到的回應數值。
spi 頻率 1000000	設定 SPI 匯流排的通訊頻率。
類比音高 0 持續 (ms) 0	指定頻率與長度，並發出音效。長度請以毫秒為單位來指定。

積木形狀	功能
設定腳位 P0 以發出 邊緣 事件	設定腳位發出的事件種類。點擊「P0」欄位，可選擇要設定的腳位。點擊「邊緣」的欄位，可將事件的種類從「邊緣」、「脈衝」、「觸碰」、「無」當中來選擇。由此所發出的事件，可在「控制」類別中的「當事件發生時」積木來加以使用。
spi 格式 位元 8 模式 3	設定 SPI 匯流排的通訊格式。可在此設定 1 次的傳送接收所進行通訊的資料位元數，及以 SPI 規範所訂定的「通訊模式」。
類比設定音高腳位 P0	設定用來輸出演奏類比訊號的腳位。點擊「P0」欄位，即可從 19 個種類當中，選擇要從哪個腳位來輸出音效的類比訊號。
設定提取 腳位 P0 以 上	對於作為數位輸入來使用的腳位，可設定為上、下、無。
spi 設定腳位 MOSI P0 MISO P0 SCK P0	決定要作為 SPI 匯流排來使用的腳位。SPI 匯流排需要 MOSI、MISO、SCK 這 3 種訊號。至於各個訊號要使用哪個腳位，請點擊「P0」欄位來做選擇。共有 19 個種類可從中選擇。

∧ 進階積木→ ⊷ 序列

積木形狀	功能
⊷ 序列 寫入一行字串 " "	將字串與其後面的回車碼（0x0D）、換行碼（0x0A）以序列來寫入。請在「""」的欄位，指定想要寫入的字串。

將數值變更為數字，並以序列來寫入。請在「0」的欄位指定想要寫入的數值。回車碼（0x0D）、換行碼（0x0A）不會被寫入。如遇回車碼與換行碼為必要的情形，請在此積木的後面加上「序列 寫入一行字串」積木（作為字串什麼都不指定）。

將名稱字串、「:」、將數值變成數字的項目、回車碼（0x0D）、換行碼（0x0A）依照順序以序列來寫入。舉例來說，當想要將溫度、亮度等複數種類的資料寫入時，即可將資料的種類與數值，依照已建立好關聯性的狀態來寫入，這相當便利。請在「""」的欄位來指定名稱的字串。請在「0」的欄位來指定數值。

以序列來寫入字串。請在「""」欄位，指定想要寫入的字串。回車碼（0x0D）、換行碼（0x0A）不會被寫入。

```
序列 讀取一行字串
```

以序列來讀取 1 行，並作為字串回傳。所謂的 1 行，即為字元一直持續到最後的換行碼（0x0A）者稱之。鑑此，這個積木會從前面依序調查並記住以序列所傳送的字元，等待到換行碼傳來為止，回傳換行碼之前的字元連接成字串。

```
序列 讀取直到 [ 換行 ▼ ]
```

以序列來讀取含有指定字串之中任何字元的前項，並作為字串來回傳。此積木會從前面依序調查並記住以序列所傳送的字元，等待到換行碼傳來為止，回傳換行碼之前的字元連接成字串。請在「換行」欄位來指定字串。另外，點擊「換行」的欄位，即可從「換行」、「逗號（,）」、「美金符號（$）」、「冒號（:）」、「句號（.）」、「升號（#）」來做選擇。

讀取已經以序列送達的所有字元，並作為字串來回傳。這並不會等待字元以序列來送達。如果字元未被送達，將會回傳空的字串。

被放入這裡面的內容，會在含有指定字串當中任一字元，以序列送達時被執行。請在「換行」欄位指定字串。另外，點擊「換行」的欄位，即可從「換行」、「逗號（,）」、「美金符號（$）」、「冒號（:）」、「句號（.）」、「升號（#）」來做選擇。

可將序列的通訊目的地，變更為 micro:bit 的腳位。點擊「P0」欄位，即可從用以發送的這 9 個種類的腳位中來選擇。點擊「P1」的欄位，即可從用以接收的這 9 個種類的腳位中來選擇。關於發送與接收，如果兩個都選擇相同的腳位，雖然不會顯示錯誤，但當然也會無法正常運作。

將緩衝的內容以序列來寫入。在目前這個時間點上，用以操作緩衝內容的積木尚未被準備好。因此，可能會沒什麼機會用到。

將以序列送達的字元於緩衝讀取並回傳。請指定最大的讀取字元數。

POINT

以序列通訊來說，若沒有特別指定的話，是使用到 USB 上的虛擬序列埠來進行通訊的。只要以 USB 電纜與個人電腦連接，就能與個人電腦上的序列應用程式之間進行通訊。只要以 micro:bit 的序列將資料寫出，便能以序列應用程式進行讀取。只要以序列應用程式寫入，便能夠以 micro:bit 進行讀取。請於序列應用程式，將通訊速度設定為 115200bps。只要使用到「序列 重導至」積木，便能夠以虛擬序列埠以外，透過 micro:bit 的腳位進行通訊。我們還可以將 micro:bit 彼此連接來進行通訊。

積木形狀	功能
	將放入這裡面的內容，於背景執行。所謂背景執行，即為與其他「重複無限次」或「當～時」等積木同時以並行的方式來執行的一種方式。
	將 micro:bit 重置。程式會在一開始便被執行。
	於此積木指定的時間之內，micro:bit 的整體動作會停止。其他於「重複無限次」、「當～時」、「背景」積木之中所執行的內容也都全部會停止。時間請以微秒為單位來指定。微秒即為 1 秒的 1/1000000，1000000 微秒即為 1 秒。這個積木不會在模擬器上運作。
	讓事件發生。所謂的「事件」，是如按下按鍵開關，這類所發生的事情。只要能夠靈活運用這個積木，也能營造出與按下按鍵開關之後相同的狀態。然而，這非常困難，在對 micro:bit 的了解還不夠深入時，暫時先不要使用會比較好。
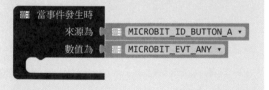	被放入這裡面的內容，會在當所指定的事件發生時執行。所謂的「事件」，如按下按鍵開關，這類所發生的事情。只要能夠靈活運用這個積木，對於「當～時」積木所提供的事件以外的事件，也可得知該事件已經發生過了。然而，這非常困難，在對 micro:bit 的了解還不夠深入時，暫時先不要使用會比較好。
事件時間戳記	將 micro:bit 上發生的最後事件的時戳，以數值回傳。所謂時戳，即為在 micro:bit 運作的這段期間中不斷增加的數值，用以區分各個發生的事件。

▶ 〓 事件結果	將事件的值以數值回傳。在事件資料中，除了事件的來源、種類、時戳之外，還包含「value」。依照事件的種類不同，也會有不含帶值的項目。
▶ 〓 MICROBIT_ID_BUTTON_A ▾	用以顯示事件來源的值。可用於「觸發事件」、「當事件發生時」積木。
▶ 〓 MICROBIT_EVT_ANY ▾	用以顯示事件種類的值。可用於「觸發事件」、「當事件發生時」積木。
▶ 〓 裝置名稱	將這個 micro:bit 的專有名稱以字串回傳。所有的 micro:bit 都具備不同的名稱。這對於人類來説並不是具有意義的名稱，而是隨機英文字母與數字交雜的字串。這個字串，不論是對 micro:bit 進行重置，或是將程式進行改寫，都是不變的。
▶ 〓 裝置序號	將這個 micro:bit 專有的編號以數值回傳。所有的 micro:bit 都有不同的編號。這個編號，不論是對 micro:bit 進行重置，或是將程式進行改寫，都是不變的。

📖 必要物品的購買來源、參考網站、參考書籍

micro:bit 本體、模組、電子零件等的取得來源

● SWITCH EDUCATION　　　　　　　　　　　https://switch-education.com/

提供 micro:bit 本體以及相關模組套件的線上販售服務。micro:bit 以外的 STEM 相關教材套件等均有販售。

參考網站

● micro:bit 官方網站　　　　　　　　　　　http://microbit.org/hk/

此為 micro:bit 的官方網站。備有可前往程式設計軟體網站的的連結。除此之外，匯集各式各樣的教程、範例、社群、課程等眾多與 micro:bit 相關的資訊（有部分只有英文版）。

● fabcross　　　　　　　　　　　　　　　　https://fabcross.jp/

這是一個介紹最新與動手製作相關的網站。刊載著眾多有關新商品或作品的介紹、訪談、活動、數位製造等綜合資訊。對於 STEM 教育也有所著墨。

● CAVEDU 教育團隊　　　　　　　　　　　http://www.cavedu.com

CAVEDU 教育團隊是由一群對教育充滿熱情的大孩子所組成的機器人科學教育團隊，於 2008 年初創辦之後即積極推動國內之機器人教育，以出版書籍、技術研發、教學研習與設備販售為團隊主軸。希望能讓所有有心進入這個領域的朋友，皆能取得優質的服務與課程。

參考書籍

● Make: Electronics：圖解電子實驗專題製作

Charles Platt 著　莊啟晃、黃藤毅、莊雯琇、林可凡 譯

本書是運用電腦來動手製作不可或缺的一本書，提供我們電子零件相關知識與使用方式、電路的組合方式等的基礎。

● 3D 列印教室｜翻轉教育的成功秘笈

David Thornburg Ph.D. Norma Thornbur 著　曾吉弘 譯

對於想要帶領學生進入 3D 列印這個奇妙世界的教育者來說，這是一本不容錯過的入門指南。您可以從這本書中了解各種新科技、新設計，還有購買 3D 列印機的誠摯建議。本書的作者群都具備了數十年的科技教學經驗，書中的範例都是教師們實際在課堂上進行過的專題，這 18 個充滿挑戰性的有趣專題，將帶領您探索科學、科技、工程與數學，以及視覺藝術與設計。

作者介紹

SWITCH EDUCATION 編輯部

金子 茂 （**Kaneko Shigeru**）

1982 年，加入學習研究社（目前的學研 HOLDINGS）。
擔任隨各學年附贈的月刊學習誌《科學》與《學習》的主誌編輯、附錄開發長達 16 年。曾擔任副編輯長、編輯長。2000 年《大人的科學：產品版》、2003 年《大人的科學雜誌》創刊。此後，擔任大人的科學系列的編輯、附錄開發長達 8 年。自 2012 年，擔任板橋區立教育科學館的館長。2014 年，離開學研教育出版。
編輯企畫 Production SHIGS 代表。

小室 真紀 （**Komuro Maki**）

生於 1984 年。於 2013 年完成御茶水女子大學人類文化創成科學研究科博士後期課程。於 2009 年被 IPA「未有軟體創造事業」採用，從事支援女性皮膚護理的系統開發。2012 年，加入株式會社 SWITCH SCIENCE，從事市場行銷及宣傳活動。現為株式會社 SWITCH EDUCATION 的代表取締役社長。對於 micro:bit 在日本的發展貢獻卓著。

小美濃 芳喜 （**Omino Yoshiki**）

生於 1952 年，東京。於日本大學木村秀政研究室從事人力飛機 stork 的設計、製作（更新世界記錄）。1976 年前往美國，於 RCA 學習電子工程。1985 年，加入學研（目前的學研 HOLDINGS)。從事 CCD 攝影機的開發（被採用於太空梭上）。自 1990 年，參與「科學」與「學習」及「大人的科學」系列的教材企劃開發。2016 年，退出學研 Plus。設立企劃室「OMINO DESIGN」。以技術顧問的身份從事活動。

金本 茂 （**Kanemoto Shigeru**）

生於 1966 年。於早稻田大學理工學部畢業後，以軟體技術員身份就職於公司，經歷自由職業者後，於 1992 年設立軟體開發公司。2008 年，透過 Arduino 再次發現到電子製作的魅力，為了將其進口販賣而創立 SWITCH SCIENCE。從事電路模組的設計製造、進出口、零售及批發。現為株式會社 144Lab 代表取締役社長、株式會社 SWITCH SCIENCE 代表取締役社長、株式會社 SWITCH EDUCATION 代表取締役會長。對於 micro:bit IDE 的國際化、日文化貢獻卓著。

Micro:bit｜親子共學開發版與圖形化程式編寫

作　　者：Switch 教育編輯部
譯　　者：楊季方
企劃編輯：莊吳行世
文字編輯：詹祐甯
設計裝幀：陶相騰
發 行 人：廖文良

發 行 所：碁峰資訊股份有限公司
地　　址：台北市南港區三重路 66 號 7 樓之 6
電　　話：(02)2788-2408
傳　　真：(02)8192-4433
網　　站：www.gotop.com.tw
書　　號：A573
版　　次：2018 年 08 月初版
建議售價：NT$480

國家圖書館出版品預行編目資料

Micro:bit：親子共學開發版與圖形化程式編寫 / Switch 教育編輯部原著；楊季方譯. -- 初版. -- 臺北市：碁峰資訊, 2018.08
　　面 ；　　公分
　　ISBN 978-986-476-823-3(平裝)
　　1.微電腦
417.516　　　　　　　　　　　　　　　107008260

讀者服務

- 感謝您購買碁峰圖書，如果您對本書的內容或表達上有不清楚的地方或其他建議，請至碁峰網站：「聯絡我們」\「圖書問題」留下您所購買之書籍及問題。(請註明購買書籍之書號及書名，以及問題頁數，以便能儘快為您處理)
http://www.gotop.com.tw

- 售後服務僅限書籍本身內容，若是軟、硬體問題，請您直接與軟體廠商聯絡。

- 若於購買書籍後發現有破損、缺頁、裝訂錯誤之問題，請直接將書寄回更換，並註明您的姓名、連絡電話及地址，將有專人與您連絡補寄商品。

- 歡迎至碁峰購物網
http://shopping.gotop.com.tw
選購所需產品。